2023 SHANGHAI
INTERNATIONAL CARBON NEUTRALITY EXPO
GREEN AND LOW CARBON CASEBOOK

上海国际碳中和博览会
绿色低碳案例集

首届上海国际碳中和博览会绿色低碳案例集编委会◎编

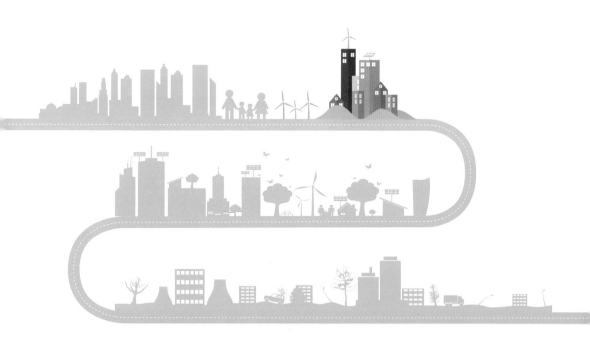

新华出版社

图书在版编目（CIP）数据

首届上海国际碳中和博览会绿色低碳案例集 / 首届上海国际碳中和博览会绿色低碳案例集编委会编.
－－ 北京：新华出版社，2023.6
ISBN 978－7－5166－6823－8

Ⅰ.①首… Ⅱ.①首… Ⅲ.①二氧化碳－节能减排－案例－世界
Ⅳ.①X511

中国国家版本馆CIP数据核字（2023）第086762号

首届上海国际碳中和博览会绿色低碳案例集

作　　者：首届上海国际碳中和博览会绿色低碳案例集编委会

出 版 人：匡乐成		出版统筹：许　新	
责任编辑：田丽丽　胡卓妮		封面设计：刘宝龙	

出版发行：新华出版社
地　　址：北京石景山区京原路8号　　　　邮　　编：100040
网　　址：http://www.xinhuapub.com
经　　销：新华书店、新华出版社天猫旗舰店、京东旗舰店及各大网店
购书热线：010－63077122　　　　中国新闻书店购书热线：010－63072012

照　　排：六合方圆
印　　刷：三河市君旺印务有限公司

成品尺寸：170mm×240mm　1/16
印　　张：12.25　　　　　　　　　字　　数：160千字
版　　次：2023年6月第一版　　　　印　　次：2023年6月第一次印刷

书　　号：ISBN 978－7－5166－6823－8
定　　价：68.00元

首届上海国际碳中和博览会绿色低碳案例集

编委会

王　蕾　匡乐成　蔡晓颖
马　晨　王　波　王胜先　刘之微　李　伟
宋　捷　钱　天　萨　爽　常嘉路　曾　理

撰写组

马朝晖（宝武集团）
单嘉依（巴斯夫）
周静瑜（华建集团）
李　娟（交通银行）
石应同（马士基）
兰珍珍（欧莱雅）
刘仁慧（施耐德电气）
石　兰（特斯拉）
田　牧（万物新生）
孙　捷（远景）

序　言

　　自工业革命以来，人类向大气层排放了数以万亿吨计的二氧化碳，温室效应持续加强，全球平均气温不断攀升，臭氧层空洞、生物多样性减少等一系列气候问题对地球整体生态造成严重影响，人类的生存环境正面临着前所未有的挑战。根据世界经济论坛《全球风险报告 2023》，未来十年人类面临的十大风险中，高达六个是与气候和环境相关的风险，其中排名首位的便是气候治理失利。近几十年，世界各国逐渐认识到碳排放控制对于自身及整个生态的重要性和必要性，不断增强低碳意识，加快低碳科技创新，发起跨国行动，携手合作来保护全球生态环境。实现碳达峰、碳中和，是以习近平同志为核心的党中央统筹国内国际两个大局作出的重大战略决策，是实现中华民族和人类社会永续发展的必然选择。

企业是碳排放的主体，也是助力经济社会高质量转型、实现碳达峰碳中和目标的坚实力量。对于企业而言，实现碳达峰碳中和愿景既是绿色发展时代背景下实现可持续前行的必经之路，亦是塑造独特市场竞争力的机遇之选。当前，企业之间建设能力差异较大，但已有部分企业率先意识到这一历史机遇并投入实践，成为绿色技术与绿色发展的先行军与领头羊。碳达峰碳中和目标的实现不仅需要各行各业的积极探索，更需要在实践上已卓有成效的先锋企业积极分享，为其他企业提供示范性的建设路径和成功经验。

为助力实现碳达峰碳中和，更好地推动相关前沿技术交流创新，首届上海国际碳中和技术、产品与成果博览会（以下简称"碳博会"）——国内首个以碳中和为主题的高品质盛会于2023年6月11日至14日在上海国家会展中心举办。藉此契机，向全社会公开发布《首届上海国际碳中和博览会绿色低碳案例集》，本书经专家委员会调研、考评，遴选出了在践行可持续发展理念过程中取得突出成果的企业经典案例，希冀为社会、企业可持续发展与绿色低碳转型提供范本和指引。

本书共十个章节，每个章节讲述一个优秀企业案例，涉及钢铁、化工、建筑、金融、物流运输、消费品、电子电工、汽车、环保、新能源十个行业，从企业管理、战略、可持续供应链、技术、产品、服务创新等多个维度对企业的绿色低碳实践进行了阐述和剖析。这些案例中，有的企业勇于探索新技术新工艺，积极寻求清洁能源替代，最大程度降低自身碳排放；有的企业积极开发低碳产品与数字化智能化系统，帮助上下游企业以及整个产业链减少排放，实现碳中和；有的企业不断推进业务创新，将可持续发展的理念传达给消费者，推动全社会积极参与践行绿色低碳的生活方式……

掩卷深思，碳达峰碳中和战略目标的提出将为我国各行各业带来大范围、深层次的影响。本书中的案例为我们揭示了新时代环境下蓬勃发展的市场主体在生产方式、思维方式和价值观念上的"绿色"理念，也提供了绿色发展从理念到实践的行动策略。中国将坚定不移走绿色发展之路，中国企业也将与国际社会一起，剖析问题、提出思考，积极参与全球环境与气候治理，在碳中和愿景下，探寻绿色转型之路，携手应对全球性挑战。通过本书，我们希望越来越多的企业积极参与到碳达峰碳中和建设中来，向社会传递切实有用的行业先进实践和企业优秀范例，并与各行业积极力行者共同探索有效路径，推动建设"人与自然和谐共生"的中国式现代化与绿色低碳的生态文明，让绿色日益成为我国经济社会高质量发展的鲜明底色，为中国和全球的碳达峰碳中和之路贡献力量。

本书由新华出版社、中国经济信息社、上海市国际展览（集团）有限公司和专业咨询机构普华永道商务服务（上海）有限公司共同组织编写。书中的案例评选和编写过程得到了专家委员会的悉心指导，来自各行各业的多位专家提出了许多宝贵的意见和建议，在此向所有专家及参与人员表示衷心感谢。此外，感谢宝武钢铁集团有限公司、巴斯夫集团、华东建筑集团股份有限公司、交通银行、马士基集团、欧莱雅集团、施耐德电气、特斯拉、上海万物新生环保科技集团有限公司、远景科技集团等企业不吝分享在碳达峰碳中和建设中的生动实践，为本书编写提供了扎实丰富的素材。

　　气候变化是人类面临的共同挑战，碳中和是时代赋予我们这代人的特殊使命，希望本书的出版能够为各行业企业带来启发和灵感，积极探索实践适合自身的绿色低碳可持续发展道路，全力以赴、开拓创新，为全社会、全人类应对气候变化作出积极贡献。

首届上海国际碳中和博览会绿色低碳案例集编委会

2023 年 5 月 22 日

目 录

CONTENTS

目　录

CONTENTS

目 录 ·········· CONTENTS

宝武集团

创新低碳冶金技术
探索碳中和之路

作为全球超大型钢铁企业，近年来，宝武集团致力于通过技术、标准和平台创新，推动生产经营环节的节能减排，加快推进钢铁企业的绿色低碳化进程。宝武集团积极布局"低碳冶金"关键核心技术和产业化技术研发，首座400立方级低碳冶金高炉（HyCROF）实现重大突破，初步建成工业化的高炉低碳冶金示范线，为全球长流程高炉减碳的绿色低碳转型提供中国方案。宝武集团牵头创建的"全球低碳冶金创新联盟"，为来自世界各国的钢铁同盟采取共同行动提供平台，共同推动全球钢铁行业早日实现碳达峰碳中和目标。

中国宝武钢铁集团有限公司（以下简称"宝武集团"）把绿色作为可持续发展的底色和生命色，加快创新步伐，以科技创新引领全球钢铁行业低碳发展。近年来，宝武集团着力突破关键技术，开发绿色低碳冶金创新工艺，依靠智慧制造打造极致效率，实现钢铁生产过程、钢铁产品使用过程的绿色化，努力实现多产业协同降碳，协同构建循环经济产业链，争做国有企业实现碳达峰碳中和的引领者，当好钢铁行业绿色低碳可持续发展的推动者，成为以科技创新引领钢铁行业低碳发展的先行者，为构建碳中和社会作出积极贡献。

一、行业挑战下的碳中和战略

钢铁工业是国民经济的重要基础产业，是实现绿色低碳发展的重要领域。中国钢铁行业深入推进供给侧结构性改革，化解过剩产能取得显著成效，绿色发展、智能制造、国际合作取得积极进展，但仍然存在产能压力大、绿色低碳发展水平有待提升、产业集中度偏低等问题。2022 年中国粗钢产量达到 10.13 亿吨，占全球钢铁产量的比重为 55.3%，钢铁行业碳排放量占中国碳排放总量的 15%–16% 左右。2022 年 1 月，工业和信息化部、国家发展和改革委员会、生态环境部联合发布《关于促进钢铁工业高质量发展的指导意见》，提出力争到 2025 年，钢铁工业基本形成布局结构合理、资源供应稳定、技术装备先进、质量品牌突出、智能化水平高、全球竞争力强、绿色低碳可持续的高质量发展格局。在绿色低碳方面，确保 2030 年前碳达峰。

（一）中国钢铁行业面临的挑战

1. 资源能源结构失衡

从资源结构来看，中国铁矿石对外依存度超过 80%，且废钢资源的循环使用比例低，年表观消费只有 2 亿吨左右，废钢已经逐渐变成紧缺资源。从能源结构来看，中国能源结构以煤炭为主，2021 年煤炭消费占能源消费总量比重为 56.0%。以长流程钢厂为主的中国钢铁企业要快速降低化石能源消费，实现零碳排放，这不是简单的节能减排可以实现的转型，而是一场真正的能源革命。

2. 关键工艺技术支撑不足

低碳冶金技术创新属于原创性技术，没有技术来源、没有模仿对象，创新工作进入"无人区"，如何整合、优化现有体系的创新资源，加快推动原创性技术的研发与工程化是摆在中国钢铁企业面前的普遍技术难题。低碳转型时间紧、任务重，中国钢铁行业面临的技术压力和挑战巨大。

3. "碳边境"税的潜在挑战

欧盟委员会、欧盟理事会、欧洲议会相继通过了"碳边界调整机制"（CBAM）议案。未来随着欧盟碳边境调节税的实施，钢铁贸易将面临新的壁垒，国际贸易难度加大，不仅制约中国钢材出口，也使得中国钢铁行业低碳转型的外部环境更趋复杂严峻和不确定。

（二）宝武集团提出碳中和目标

碳达峰目标与碳中和愿景是党中央、国务院统筹国内国际两个大局作出的重大战略决策，影响深远、意义重大。宝武集团完整准确全面贯彻新发展理念，实施战略升级，系统研判、科学谋划碳达峰碳中和路径，率先提出碳达峰碳中和目标，力争 2025 年具备减碳 30% 的技术能力，2035 年减碳 30%，2050 年实现碳中和。

二、宝武集团低碳冶金技术创新

（一）建立低碳冶金技术创新体系

推进碳中和创新工作是一个新生事物，没有经验可以借鉴，也没有模式可以模仿。宝武集团紧紧围绕碳中和技术创新工作，成立由集团公司主要领导担任主任的推进委员会，梳理、明确集团各相关单位的工作定位、目标任务，建立分类、分层的低碳技术创新推进机制。针对颠覆性、前瞻性的碳中和重大创新项目，由集团公司统一策划推进，选择研发基地负责项目实施和技术集成。针对钢铁流程工序间的碳减排项目由各钢铁制造基地统筹策划、实施，追求极致的能源效率利用，通过对标找差距，实现技术的移植和推广。按照以上的管理思想，宝武集团形成了分工明确、协同开放的低碳冶金技术创新体系。

同时，集团提出"三个"重要举措：成立低碳冶金创新中心，牵头组织冶金低碳关键技术攻关；成立全球低碳冶金创新联盟，搭建低碳冶金技术国际交流平台，构建低碳价值创新链；成立低碳冶金创新基金，支持低碳冶金创新基础研究和应用基础研究，通过协同创新，加速低碳冶金关键技术的研发、中试和示范应用。

（二）发布宝武集团低碳冶金技术路线图

2021年11月18日，全球低碳冶金创新联盟正式成立。宝武集团党委书记、董事长陈德荣在联盟成立大会暨2021年全球低碳冶金创新论坛上正式发布"宝武集团低碳冶金技术路线图"。

钢铁产业走向碳中和，根本的解决路径还是在技术，还是在技术创新、技术突破。科技是解决发展难题的金钥匙。宝武集团提出的碳中和冶金技术路径，代表了行业的技术发展方向。这些关键技术包括：钢铁流程极限能效减碳、富氢碳循环高炉工艺技术减碳、直接还原氢冶金技术减碳、近终型制造技术减碳、循环经济减碳、二氧化碳资源化利用技术减碳等。

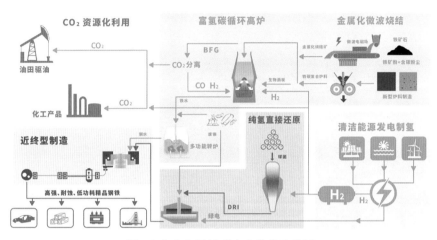

图 1　宝武集团低碳冶金技术路线图

三、宝武集团碳中和创新实践

（一）推进碳中和技术创新工程，实施绿色制造计划

钢铁行业绿色低碳转型既要着眼未来发展规划，也要立足当前实际，还要考虑技术成熟度、经济性。为此，宝武集团以"冶金原理"为依据，聚焦八钢富氢碳循环高炉项目、湛江钢铁氢基竖炉项目等实施攻关，策划绿色低碳工艺的颠覆式创新技术，实施碳中和技术创新工程，促进低碳技术的工程化。

例 1 富氢碳循环氧气高炉技术（HyCROF）

2019 年 1 月，宝武集团在新疆八一钢铁股份有限公司成立富氢碳循环高炉项目组，对原 430 立方米"功勋高炉"进行改造。2020 年 7 月，试验平台投入运行。2021 年 6 月，富氢碳循环高炉实现风口喷吹脱碳煤气和焦炉煤气,这是全球高炉首次实现脱碳煤气循环利用的案例,初步形成富氢碳循环高炉低碳操作技术。2022年7月,富氢碳循环高炉成功实现100%超高富氧冶炼目标,降低固体燃耗30%,二氧化碳减排21%,初步建成工业化的高炉低碳冶金示范线。

图 2　富氢碳循环氧气高炉

(二)推进先进材料布局工程,实施绿色产品计划

以经济社会全面绿色转型发展需求为导向,重塑"钢铁是绿色的"精品理念,聚焦"高强度、高耐蚀、高效能",实施钢铁产品全生命周期评价(LCA),开展钢铁产品绿色设计,拓展钢铁产品应用领域和应用场景,提升综合材料解决方案能力,促进下游行业绿色低碳转型升级。

例 2 高强度汽车钢板吉帕钢

作为全球最大的汽车钢板供应商之一,集团旗下宝钢股份成功研发了超轻型纯电动高安全白车身——BCB EV(Baosteel Car Body Electric Vehicle),整车轻量化、超强钢比例上达到国际领先水平,最高强度热成型材料用到 2000MPa 级别，冷成型材料应用到 1700MPa 级别，可实现钢板制造阶段减少二氧化碳排放 200 千克，汽车使用阶段减少二氧化碳排放约 950 千克。2023 年 3 月，宝钢股份与北京奔驰精诚合作，实施低碳化设计、低碳化制造、低碳化应用，批量生产了电镀锌低碳钢（BeyondECO®–30%），引领中国汽车用钢高质量发展。

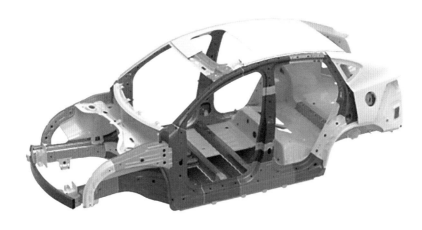

图 3　高强度汽车用钢白车身

例 3 环保涂层高等级无取向硅钢

金沙江白鹤滩水电站是目前世界规模最大、技术难度最高的水电工程之一。围绕该工程 1000MW 水轮发电机组需要，宝武集团自主开发新一代新型环保涂层高等级无取向硅钢，各项关键性能均达到国际同类产品领先水平，并在国际上首次建立大型水轮发电机定子铁心用钢专用技术标准。此外，还研发了 700MPa 磁轭钢应用于工程项目，该产品兼具高强度、高韧性和高尺寸精度等优势，被誉为"世界上最平整的热轧钢板"。宝武集团一系列关键材料的成功研制和应用，为这个全球单机容量最大的世界超级清洁能源工程提供了坚实的保障。

图 4 超高牌号无取向硅钢服务"国之重器"白鹤滩水电站

例 4 超规格重型 H 型钢实现民用建筑低碳应用

2021 年 4 月 26 日，马钢技术中心型钢研发团队根据设计标准成功首发了超规格重型 H 型钢，突破了高性能重型热轧 H 型钢的生产技术瓶颈，实现了产品超厚、超宽、高强度、抗震、抗撕裂等多个性能的耦合，成功应用于国内某大型公共建筑主体结构。与焊接 H 型钢相比，吨钢降低碳排放 12%，该工程累计使用 5 万吨重型热轧 H 型钢，可减少二氧化碳排放 1500 吨，为建筑行业实现碳中和目标起到示范作用。

图 5 热轧 H 型钢

（三）推进创新生态建设工程，实施绿色产业计划

积极构建"共建、共享"的绿色生态圈，发展绿色产业推动碳中和目标实现，在支撑和反哺绿色制造、绿色产品的同时，也创造了新兴的产业经济。宝武集团的绿色产业包括绿色能源、绿色产业金融、绿色资源、绿色新材料、绿色智慧服务、绿色产业园区等。

1. 绿色能源产业

依托钢铁基地的负荷及资源优势，以建设自备绿色电厂为目的，加快风光核等绿色电力布局与开发。同时，结合基地区域资源禀赋和用能结构，创新商业和建设模式，由专业平台公司主导、各钢铁基地积极参与绿色能源项目开发，为各钢铁基地提供运营保障。

例5 因地制宜建设光伏发电项目

宝武集团充分利用各钢铁基地厂区优质厂房屋顶等资源，因地制宜建设了一批分布式光伏发电项目，包括宝钢股份原料场厂房光伏发电项目、武钢有限冷轧屋顶光伏发电项目、湛江钢铁厂房屋面光伏发电项目、

图6　宝武铝业光伏综合能源项目

中南钢铁韶钢松山光伏项目、宝武铝业光伏综合能源项目、西藏扎布耶盐湖高海拔高寒地区光储科研示范站项目等，优化集团能源结构，提升各钢铁基地绿电比例。截至目前，各钢铁基地共开发光伏项目已并网发电的项目 60MW、在建项目 259MW、前期可研项目 600MW。

图7　湛江钢铁厂房屋面光伏发电项目

2. 绿色新材料产业

宝武集团通过新材料和钢铁的协同耦合，为用户提供综合材料解决方案，实现全产业链绿色制造和全生命周期降碳。针对汽车、高铁等大交通领域，开发铝、镁、钛、碳纤维等轻量化材料，降低碳排放；针对高效火电、核电以及风电、光伏、生物质等新能源领域，开发耐热不锈钢、镍基合金、精密合金等特种冶金新材料，提高材料服役寿命。

例6 研发 630℃超超临界火电机组的新型耐热钢 G115

630℃超超临界火电机组的蒸汽温度达到 630℃，蒸汽压力 35MPa，蒸汽管道金属壁温最高达到 650℃。G115 钢研制成功，使得 630℃超超临界电站工程化成为可能。2021 年 1 月，宝武集团举办 G115 的全球首发仪式，该钢种成为全球唯一能满足机组要求的产品，根据测算，1000MW 装机容量的 630℃超超临界电站，每年可节约标准煤 11 万吨，全生命周期可减排二氧化碳约 860 万吨，具有重要意义。

图 8　全球首发可用于 630℃超超临界火电机组的新型耐热钢 G115

3. 绿色资源产业

绿色资源是实现碳达峰碳中和目标的基础保障。宝武集团积极推进矿山的绿色低碳运营，探索发展绿色低碳原料，超前布局绿色低碳炉料加工产业，构筑坚实的绿色资源保障体系。

一是通过工艺设备优化升级实现加工过程的极致能效，加快推进清洁能源替代。

二是充分发挥矿山的土地资源优势，将光伏、风电与生态修复等有机结合，挖掘碳汇资源。

三是努力实现自产矿产品的绿色化、低碳化。合理利用国内资源和能源条件，布局高品位铁精粉、预还原炉料、生物质原料等绿色低碳炉料，探索利用光伏发电生产绿氢并加工金属化球团等低碳工艺路径。

4. 绿色智慧服务产业

宝武集团坚持以数据智能驱动高科技创新，通过产业资本融合发展，打造数字化工程设计与工程服务、先进装备制造、设备智能运维服务业务平台，构建基于钢铁及相关大宗商品和工业品的第三方产业互联网平台，为钢铁及先进材料产业生态圈提供全生命周期智慧制造和智慧服务的数智化整体解决方案，构建绿色智慧服务体系，助力绿色制造和绿色产业链建设。

例 7 绿色供应链综合解决方案

宝武集团围绕智慧交易和智慧物流两大业务领域，协同产业生态圈，发挥平台优势，引导绿色产品消费，融合线上线下服务能力，提供钢材及大宗商品平台交易以及相关运输、仓储、加工等供应链服务；优化运输结构，提升绿色运输能力，如更替新能源车辆、加大新能源车、船应用比例，提供绿色物流解决方案，助力钢铁产业链协同发展。

例 8 绿色采购欧贝零碳平台

欧贝零碳采用全生命周期碳核算评价方法为供应链企业和生态圈客户进行产品碳足迹核算及量化评价，协助识别减少产品碳排放的潜在改进点，引导企业减少产品全生命周期碳排放。截至 2023 年 4 月，"欧贝零碳平台"已实现 260 个采购叶类、1900 多个采购物料的碳足迹数据覆盖，占集团重点采购大类的 51%。

5. 绿色产业金融

宝武集团致力于建成能够支撑产业生态圈智能化、高质量发展的绿色产业金融支撑服务系统，包含四个体系：一是按照国有资本投资公司定位，打造绿色投资支撑服务体系；二是深化 ESG 理念，引导资本、资金与绿色实体产业融合，打造绿色融资支撑服务体系；三是科技赋能，产业金融和金融科技双轮驱动，构建绿色金融科技支撑服务体系；四是依托金融牌照资源的协同优势，打造以融促产的产业金融综合支撑服务体系。

例 9 发行绿色债券助力绿色转型发展

2022 年 5 月 24 日，宝钢股份在上海证券交易所成功发行 2022 年面向专业投资者的低碳转型绿色公司债券（第一期），这是全国首单低碳转型绿色公司债券。由中信证券牵头主承销，发行规模 5 亿元，发行期限为 3 年。募集资金拟全部投放于宝钢股份子公司湛江钢铁氢基竖炉系统项目。

6. 绿色园区产业

宝武集团致力于构筑绿色产业发展新空间，打造新型产业园区，助力城市钢厂转型升级。同时，产业园区作为产业生态圈的空间载体，与宝武产业布局和区域总部相结合，按照"厂区——园区——城区"路径，在现有钢铁基地腾地开发高附加值的绿色新产业，为生态圈提供支撑与服务，助力生态圈绿色低碳发展。

例 10 碳中和科创新领地——上海碳中和产业园

图 9　上海碳中和产业园首发项目（效果图）

上海碳中和产业园，位于上海市宝山区，由北部宝钢股份外围区域及南部吴淞创新城特钢先行启动区两大片区内宝武转型地块组成，规划总面积 3214 亩，其中先行启动区总建筑面积约 86 万平方米，是上海首个以绿色低碳创新及产业发展为特色的核心产业园区，也是宝山区打造"科创中心主阵地"的重要承载区。

四、总结与展望

碳中和之路是一项复杂的系统工程，通过科学研判、系统策划，宝武集团碳中和路径逐渐清晰，坚决打好技术创新"攻坚战"，科学管理"持久战"，主动担当、坚定引领、积极推动，构建绿色发展新格局，争做国有企业实现碳达峰碳中和的引领者，当好钢铁行业绿色低碳可持续发展的推动者，成为以科技创新引领钢铁业低碳发展的先行者。

一是形成适应绿色低碳转型发展特点的技术创新体系。钢铁行业走向碳中和，根本的解决路径关键在于技术，健全技术创新体系，更加契合宝武集团高科技公司的定位，有利于克服低碳冶金技术创新研究过程复杂、相关因素繁多的难点和痛点，有利于核心技术研发和产业化应用推广，有利于宝武实现从跟随到引领的突破。

二是为中国钢铁工业绿色低碳发展提供了经验借鉴。宝武集团提出的碳中和关键技术，中国钢铁工业协会给予高度评价，认为不仅对宝武自身实现碳中和有着纲领性的重要意义，而且也代表着全行业的技术发展方向，对全行业走向碳中和有着重要的导向作用。

三是搭建国际低碳冶金创新技术交流共享平台。宝武集团清醒地认识到，应对气候变化是当今国际社会共同面临的挑战，绿色低碳转型是对传统钢铁价值的颠覆性革命，非"一企之力"能够完成。宝武集团牵头创建"全球低碳冶金创新联盟",为来自世界 15 个国家 62 家企业、院校、科研机构采取共同行动提供了平台,代表着世界钢铁对全球应对气候变化进入集体响应的新阶段。

绿色钢铁,美好生活。宝武集团将坚决贯彻新发展理念,加快技术创新,坚定不移走生态优先、绿色低碳的高质量发展道路,将以绿色制造、绿色产品和绿色产业作为核心路径,率先进行低碳转型,身体力行绿色发展,并承担生态圈链主的责任,为上下游合作伙伴做出表率,引领并促进整个钢铁行业新生态绿色化,为人类的美好生活作出新的贡献。

【企业介绍】

中国宝武钢铁集团有限公司于 2016 年 12 月由原宝钢集团有限公司和武汉钢铁(集团)公司联合重组而成。组建以来,宝武集团扛起央企使命责任,积极落实钢铁行业供给侧结构性改革,加大力度推进战略性重组和专业化整合,先后联合重组马钢集团、太钢集团、中钢集团、新余钢铁,实质性管理重庆钢铁,受托管理昆钢公司等。宝武集团深入实施联合重组后的专业化整合,打造市场化、公众化的专业化平台公司,市场影响力和竞争实力显著增强。2022 年宝武集团实现粗钢产量 1.32 亿吨、营业收入 1.2 万亿元、利润总额 312 亿元,经营业绩再创历史新高。宝武集团在 2022 年《财富》世界 500 强排行榜位列第 44 位,位居全球钢铁企业首位。

首届 SHANGHAI INTERNATIONAL
CARBON NEUTRALITY EXPO IN TECHNOLOGIES,
PRODUCTS AND ACHIEVEMENTS
上海国际碳中和博览会
绿色低碳案例集

巴斯夫

创造化学新作用
追求可持续发展的未来

作为全球化工行业的领导者，巴斯夫一方面从自身出发，减少自身生产运营的碳排放，针对基础化学品开发全新的、低碳甚至零碳排放的生产工艺，从而推动巴斯夫和整个化工行业向气候中和转型。另一方面，巴斯夫的产品和解决方案能够为各行各业的企业减少碳排放，助力下游企业实现减排目标，为推动整个价值链的可持续发展作出贡献。在开发更多的生物基材料和低碳环保产品的同时，巴斯夫积极投身循环经济的浪潮之中，让材料和产品物尽其用，甚至变废为宝，从而节约化石资源，保护气候。此外，巴斯夫致力于提供所有在售产品的碳足迹数据，推动整个化工价值链产品碳排放透明度和标准化。

实现碳达峰碳中和目标离不开化工企业的深度参与。化学创新在实现可持续发展、推动循环经济方面扮演重要的角色，作为一家世界领先的化工企业，巴斯夫以深厚的化学专知和创新能力推动绿色低碳转型。2022 年，巴斯夫全球全年二氧化碳排放量为 1840 万吨，尽管产品产量持续增长，但相比 2021 年二氧化碳排放总量仍整体降低 8.9%。

一、碳中和目标与管理

（一）碳中和目标

气候变化是当今社会面临的最为严峻挑战之一。作为全球领先的化工公司，巴斯夫追求可持续发展，积极履行气候保护责任，气候保护和能源转型始终是巴斯夫战略的重要组成部分。

过去数十年间，巴斯夫通过优化生产工艺、提高生产效率，减少了大量的二氧化碳排放。从 1990 年到 2018 年，巴斯夫全球的温室气体排放量减少了近 50%。同时，巴斯夫产品和解决方案致力于帮助各行各业减少温室气体排放，并推动整个化学产业链的低碳转型。

2021 年 3 月，巴斯夫正式推出气候中和路线图，包含中期和长期两个目标，即：到 2030 年公司全球范围内二氧化碳排放量较 2018 年减少 25%；到 2050 年实现净零排放。

为了实现气候保护目标，巴斯夫开展了一系列项目，大力推进五大举措，具体包括：

一是从灰电到绿电上，增加可再生能源的使用，满足巴斯夫的能源需求；

二是电力转蒸汽方面，尽可能多地依靠回收废气、废热等能量来生产蒸汽，提升能源效率；

三是新技术方面，针对排放密集型基础化学品，开发和部署全新的、零碳排放和低排放的生产工艺；

四是生物基原料上，使用更多生物基原材料，替代化石资源；

五是持续运营优化，不断提高生产环节的能源和工艺效率。

巴斯夫减排路径（1990 年到 2050 年）

巴斯夫温室气体排放（范围1 和 范围2）
百万公吨　　　　　　　　　　　　　　　　　　　　　　　　　　　　净零排放

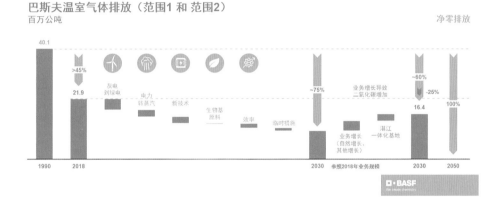

图 1　巴斯夫气候中和路线图

（二）碳中和管理

巴斯夫内部设立多个专门的可持续发展相关的部门和团队，负责巴斯夫气候保护和碳中和相关事务。

可持续发展团队。负责将可持续发展议题，尤其是和气候保护相关的事务，整合至巴斯夫核心业务和决策过程。

可持续发展委员会。由巴斯夫集团执行董事会成员领衔，具体成员包括各个业务部门全球负责人、总部企业中心各部门负责人以及地区负责人，共同探讨交流碳中和相关的话题和运营层面的事务。

"净零加速"项目部。该部门于 2021 年底设立，直接向巴斯夫集团执行董事会主席汇报碳中和相关工作，聚焦与低碳生产技术、循环经济及可再生能源有关的项目，加速项目和研发实施进度，更快地实现规模效应，保证巴斯夫实现 2050 年全球净零排放的目标。

二、碳中和战略

化工企业是能源密集型企业，而化工产品又是关乎千千万万下游产品的原材料，涉及到衣食住行方方面面。作为化工行业的领导者，巴斯夫一方面从自身出发，减少自身生产运营的碳排放，针对基础化学品开发全新的、低碳甚至零碳排放的生产工艺，从而推动巴斯夫和整个化工行业向气候中和转型。

另一方面，作为一家材料供应商，巴斯夫提供的产品和解决方案在很大程度上可以助力客户乃至消费者实现减排目标，推动社会可持续发展。在开发更多的生物基材料和低碳环保产品的同时，巴斯夫积极投身循环经济的浪潮之中，通过研发和创新，让材料和产品物尽其用，甚至变废为宝，创造出新的价值，从而节约化石资源，保护气候。

（一）产品碳足迹

巴斯夫借助数字解决方案，为约 4.5 万种全球在售产品提供碳足迹数据，成为全球首家提供全面产品碳足迹的化工企业。产品碳足迹包括所有与产品相关的温室气体排放量，即产品从"摇篮到大门"的碳足迹。通过产品碳足迹，巴斯夫可以提供透明的碳排放数据，帮助客户和上下游合作伙伴知悉采用巴斯夫的材料将为其业务活动和成品带来多少碳排放量，更好地测算其活动和最终产品的二氧化碳足迹，制定二氧化碳减排计划，实现自身的气候保护目标。

产品碳足迹为客户提供产品透明度
数字化应用程序计算在售产品的温室气体排放量

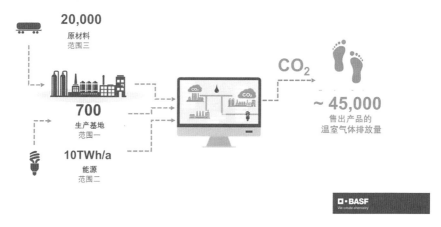

图 2　巴斯夫数字化程序计算在售产品的温室气体排放量

同时，为推动整个化工价值链产品碳排放透明度和标准化，巴斯夫与供应商、客户及同行公开分享其产品碳足迹计算方法。巴斯夫还为"携手可持续发展全球倡议（Together for Sustainability）"所发布的《产品碳足迹指南》作出贡献，该指南获得了全球 37 家化工企业的一致认可。

（二）循环经济计划

巴斯夫积极投身循环经济，启动了循环经济计划，力争到 2030 年循环经济解决方案相关销售额实现翻倍，达到 170 亿欧元。为实现这一目标，巴斯夫聚焦新原料、新材料循环和新业务模式三大领域，通过不断增加回收及可再生原料的使用量、打造新材料循环、创造新业务模式来促进循环经济发展。

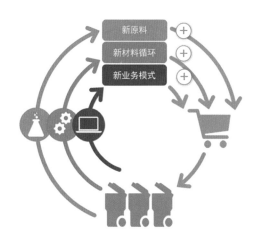

图 3　巴斯夫循环经济计划

1. 新原料

热解油：巴斯夫在 2018 年启动"化学循环"（ChemCycling™）项目，该项目以化学回收的废弃塑料为原料，规模化生产高性能产品。在该项目中，巴斯夫与技术伙伴合作，将废弃塑料转化为热解油，将其作为原料送入巴斯夫的一体化体系，并通过经第三方认证的质量平衡法，将回收原料分配给特定的产品，实现以再生塑料废弃物为原料，生产出质量和性能俱佳的产品。

图 4　巴斯夫"化学循环"项目

生物基产品：部分生物基产品具有化石原料无法实现或无法低成本实现的独特特性。为减少碳足迹，巴斯夫探索采用红毛丹、源自玉米的聚乳酸等一些生物基产品，作为代替传统化石能源的原材料，生产护理产品和包装产品，降低传统化石能源带来的碳排放。

2. 新材料循环

机械回收：机械回收技术是回收塑料废弃物的首选解决方案，是实现循环经济必不可少的环节。巴斯夫针对塑料、电动车锂电池、催化转化器等材料开展机械回收，报废材料经收集、分拣、破碎、熔化等过程转化为次级原料，重新投入新应用。作为塑料添加剂行业的领导者，巴斯夫根据不同客户需求提供具体的材料回收利用解决方案，促进低碳循环经济目标的实现。

3. 新业务模式

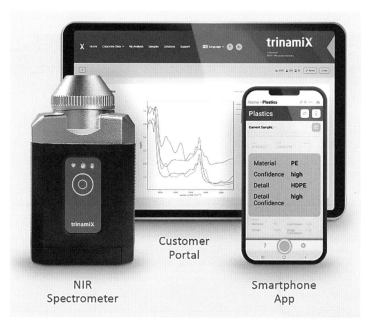

图5 trinamiX 红外光谱技术

创迈思 trinamiX 红外光谱仪：巴斯夫子公司创迈思 trinamiX GmbH 所研发的便携式近红外（NIR）谱仪解决方案，能够准确识别塑料，方便塑料进行分类。通过 trinamiX 技术，一般用户可以精确检测出不同塑料成分，并通过下载 trinamiX 特定移动应用程序进行 trinamiX 数据分析，实现用便携式手持设备对材料进行分类，从而改善塑料回收流程，提高回收利用率，助力环境保护及企业发展。

xarvioTm 农业解决方案：巴斯夫推出的数字农业解决方案 xarvioTm 能够针对特定农田提供农艺建议，使农民能够以最有效的方式生产作物。借助 xarvioTm 解决方案，农民在农田和田块规划及管理过程中，可通过手机 App 有效监测农田，降低风险，做出更可靠的决策。产品 SCOUTING、FIELD MANAGER 和 HEALTHY FIELDS 的用户已遍及全球 100 多个国家和地区。

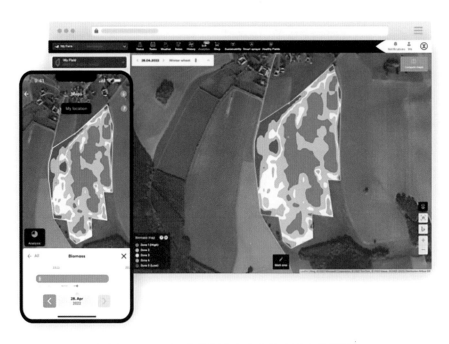

图 6　xarvioTm 农业解决方案中的农田在线监测

三、绿色供应链

（一）负责任采购与提供可持续解决方案

为有效减少原材料带来的碳足迹，巴斯夫大量采购可再生能源电力和低碳足迹的原材料，如棕榈油、蓖麻油、生物发酵法生产的丙氨酸等。同时，巴斯夫在产品销售和业务开发端提供可持续解决方案，更多地销售能帮助客户和整个社会减少碳排放的产品和解决方案，如建筑保温材料可以减少建筑使用期间的碳排放，低温修补漆可以减少汽车修补时高温烘烤产生的碳排放，生物质平衡涂料可以减少汽车客户原料中的碳足迹，以及"鲨鱼皮"贴膜可以减少航空公司飞机的碳排放。巴斯夫可持续解决方案通过减少全产业链的碳足迹来助力全社会的绿色低碳转型，目前，巴斯夫可持续解决方案销售额已达到 210 亿欧元。

（二）供应商可持续发展评估

巴斯夫以负责任的态度管理上下游供应链和自身运营，积极推动供应商评估并改进其可持续发展绩效。在"携手可持续发展（TfS）"倡议下，巴斯夫根据既定框架和高标准，持续对供应商进行可持续发展评估，开展相关培训。2022 年，巴斯夫对中国本地供应商进行了 58 次现场审核和 287 次在线可持续评估。截至 2022 年，巴斯夫 85% 的采购项目已加入可持续发展评估标准。同时，巴斯夫设定了到 2025 年，90% 的采购项目加入可持续发展评估标准的目标，并且确保再次评估时，80% 的供应商提高了可持续发展表现。

2021 年，巴斯夫推出"供应商二氧化碳管理"计划，邀请包括中国供应商在内的相关方共同参与。该计划旨在通过与供应商分享巴斯夫的产品碳足迹评估方法和工具知识，帮助提高巴斯夫外购原材料的碳排放透明度，助力供应商确定中期优化措施，识别和管理供应链中的可持续性发展风险。

负责任的采购

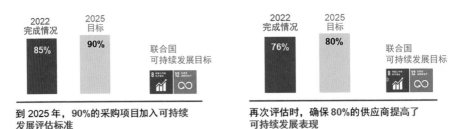

图 7 巴斯夫供应商管理目标

（三）供应商培训

巴斯夫与华东理工大学合作，开展年度中国供应商可持续发展培训，培训内容涵盖可持续采购及营运、企业治理与管理、劳工与人权以及环境、健康与安全等方面，帮助国内供应商减排降碳与可持续发展。2021年，巴斯夫为来自中国的 31 家供应商的 60 名学员提供了培训，携手共同实现可持续增长。

（四）组建可持续发展共建联盟

2021 年 10 月，巴斯夫与 13 家价值链上下游合作伙伴，共同发起"可持续发展共建联盟"，联盟成员就低碳发展、循环经济等重要议题，与巴斯夫联合打造减排项目，包括节能房屋、安全耐用的塑料产品、低碳运输及可持续食品饮料包装解决方案等，为推动中国可持续发展，助力国家碳达峰碳中和目标实现作出贡献。

（五）价值链全流程管理

巴斯夫始终将自身的气候保护责任融合到公司的所有运营环节，将负责任的采购、高效安全负责任的生产、提供可持续发展解决方案一起纳入到公司碳中和的行动中，除了关注生产领域（范围 1 和范围 2）温室气体排放量外，还考虑在采购以及产品的销售中（范围 3）的温室气体排放量，并对全价值链的温室气体排放情况进行核算，识别整个企业价值链中最大的温室气体减排机会，方便巴斯夫对价值链进行温室气体管理。

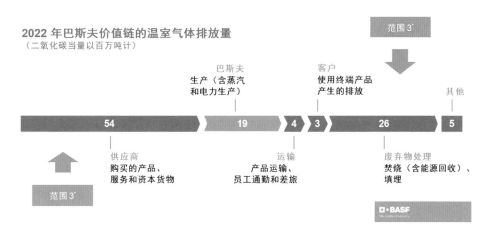

图 8　2022 年巴斯夫价值链温室气体排放量（二氧化碳当量以百万吨计）

四、技术创新与应用

工业化进程导致的二氧化碳排放已经持续了两百多年，要在有限的时间内达成碳中和，需要对一些传统技术进行根本性技术变革。巴斯夫目前正在聚焦二氧化碳密集型工艺实施技术突破，最大限度减少二氧化碳排放。

　　首先，巴斯夫分析得出了氨、丙烯酸、己内酰胺等对二氧化碳排放影响最大的 10 种化学品，集中开发技术以降低相关工艺的碳排放；其次，蒸汽生产工艺会排放大量二氧化碳，巴斯夫已经计划在路德维希港建设一座大规模的热泵装置，采用新技术，比如安装具有工业规模的热泵、电锅炉和储热系统，来取代当前发电厂用化石能源生产蒸汽的技术，并且将利用废热的能源潜能。同时，电驱动将取代现有的蒸汽轮机，减少蒸汽需求，用电力直接代替蒸汽；第三，针对一些"不得不排放"的二氧化碳，巴斯夫也设计了特有的技术创新方案。

巴斯夫温室气体排放概况
能源和化学工艺排放（百万吨/年）

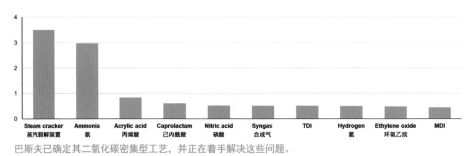

巴斯夫已确定其二氧化碳密集型工艺，并正在着手解决这些问题。

图9　巴斯夫各能源与化学工艺中温室气体排放情况（百万吨/年）

（一）全电蒸汽裂解技术

　　目前全球的石油约有 70% 用作燃料，30% 左右被加工成各类化学产品，而将石油加工为化学产品的第一关就是蒸汽裂解。由此，蒸汽裂解也是巴斯夫温室气体排放量最大的工艺过程。蒸汽裂解的碳排放主要是因为其需要 850℃ 以上的高温，这必须依靠燃烧化石燃料（石油、天然气或煤炭）来获取，而如果能将这种加热方式改为电加热，并使用可再生能源电力，就能大幅减少近 90% 的二氧化碳排放量。

基于此，巴斯夫联合沙特基础工业公司（SABIC）、林德开始建设全球首个大型电加热蒸汽裂解炉（eFurnace）示范装置。该示范装置预计投入 6 兆瓦可再生能源电力用于蒸汽裂解，将完全集成到巴斯夫路德维希港一体化基地的蒸汽裂解装置中。与传统蒸汽裂解装置相比，该技术有望实现减少至少 90% 二氧化碳排放。目前，该项目已获德国联邦经济事务和气候行动部"工业脱碳"资助项目授予的 1480 万欧元资金支持，计划于 2023 年正式投产。

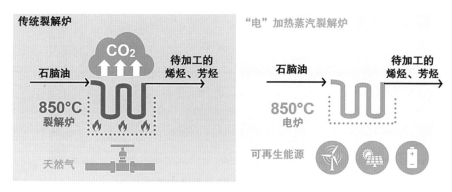

图 10 传统裂解与全电蒸汽裂解技术工艺原理

（二）甲烷裂解制氢技术

合成氨作为巴斯夫另外一种二氧化碳密集型工艺，碳排放主要来自于合成氨制氢的过程，在这一过程中，煤、石油或天然气通过重整生成氢气和一氧化碳为主要成分的合成气，同时，二氧化碳会以化学反应产物的方式产生（这被称为"过程排放"），并排放到大气中。

甲烷裂解制氢是一种直接将（生物）甲烷分解成氢气和固体炭的创新型低碳工艺，与水电解制氢相比，甲烷裂解制氢的耗电量能减少80%。如果使用可再生能源，该工艺可以基本实现零碳制氢。此外，甲烷裂解制氢不仅能消除制氢过程的"过程排放"，而且还将同为温室气体的甲烷转化为固体碳。目前，巴斯夫已经率先开展甲烷裂解制氢试点装置试运行，寻找最佳的工艺控制参数。

图 11　巴斯夫甲烷裂解制氢试点装置

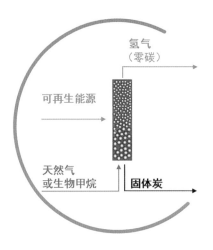

图 12　甲烷裂解制氢技术工艺原理

（三）热泵技术

蒸汽是化工行业中最重要的能源。在德国路德维希港的巴斯夫基地，巴斯夫每年需要约 2000 万吨蒸汽用于烘干产品、加热反应堆或蒸馏。巴斯夫和曼恩能源方案公司（MAN Energy Solutions）建立了战略伙伴关系，在路德维希港基地新建了一座工业规模的热泵装置。该项目旨在通过化工生产中使用低碳技术降低生产过程中天然气的消耗量。利用该新建的大型热泵，巴斯夫将实现利用可再生能源的电力生产蒸汽，同时装置冷却水系统排出的废热也可以作为热能来源生产蒸汽，并输送到蒸汽网络。通过将热泵装置整合到生产基础设施中，巴斯夫可实现每小时生产 150 吨蒸汽，每年可减少 39 万吨二氧化碳排放量。同时，热泵装置使得基地冷却水系统更有效，减少对气候和天气条件的依赖。

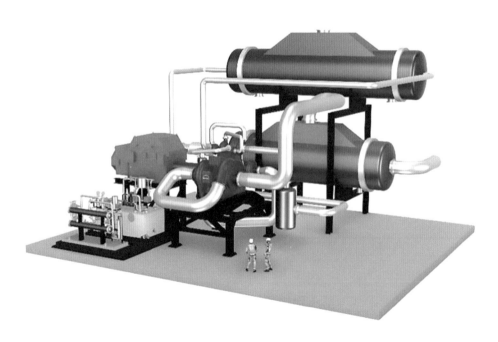

图 13　热泵装置示意图

（四）CCUS 碳捕集项目

CCUS，即二氧化碳捕集、利用与封存，该技术通过从工业排放源中捕集二氧化碳并加以利用或注入地质构造封存，以实现二氧化碳减排的过程。CCUS 是一项具有大规模减排潜力的技术，是实现碳中和的重要技术组成部分。

2022 年，巴斯夫与宝钢股份、中国石油化工股份有限公司、壳牌（中国）有限公司合作在华东地区共同启动了中国首个开放式千万吨级 CCUS（二氧化碳捕集、利用与封存）项目。该项目将为华东地区工业企业提供一体化二氧化碳减排方案，将长三角地区的钢材厂、化工厂、电厂、水泥厂等碳源通过槽船集中运输至二氧化碳接收站，再通过距离较短的管线输送至陆上或海上的封存点，助力长三角地区的工业企业二氧化碳减排。最终助力华东地区打造低碳产品价值链，建成安全的绿色低碳产品供应链，推动落实碳达峰碳中和目标任务。

（五）"鲨鱼皮"AeroSHARK 技术

巴斯夫与合作伙伴汉莎航空联合开发了"鲨鱼皮"AeroSHARK 技术，该技术模拟了鲨鱼皮的表面结构，可以在飞机机身薄膜表面上印制微小的三维结构，以减少飞行阻力。受益于其特殊的细微"螺纹"（Riblets）表面结构，AeroSHARK"鲨鱼皮"薄膜可使飞机外壳的摩擦阻力减少 1%。因此，燃料消耗和二氧化碳排放也以相同的幅度减少。以一架波音 777-300ER 客机为例，在保证客机的运行安全和操作没有负面影响的前提下，采用该技术每架飞机每年可节省约 400 吨燃油和减少超过 1200 吨二氧化碳排放。当汉莎货运航空目前的 11 架波音 777 货机和瑞航的 12 架波音 777 客机全部接受 AeroSHARK 改造后，将助力汉莎集团每年减少超过 2.5 万吨的碳足迹。

图 14 "鲨鱼皮" AeroSHARK 技术应用于飞机机身表面

（六）新型塑料添加剂 IrgaCycle™

塑料是日常生活中重要的材料，因为其轻质、美观、经济和易于加工等各种性能而备受青睐，但随着塑料用量的提高，塑料废弃物难以被降解的问题开始显现，为减少塑料废弃物的产生，很多企业使用回收的塑料作为原料来加工产品。

为此，巴斯夫推出了新型添加剂 IrgaCycle™，用于解决塑料机械回收过程中可能遇到的一系列问题，赋予再生塑料更高的性能和价值。

众所周知，塑料本身需要加入很多种添加剂来满足其使用条件，如光稳定剂和紫外吸收剂来减少日晒对塑料的破坏，抗氧剂则用来减少氧化反应造成的黄变等。再生塑料由于其原料的特殊性，在制成成品的过程中，需要更加特殊的添加剂来保证性能。基于此，巴斯夫研发了再生塑料新型添加剂 IrgaCycle™，解决再生塑料在加工稳定性、长效稳定性以及户外老化等方面的问题，助力塑料行业转型，提高再生塑料材料的使用，从而减少对化石燃料的依赖和二氧化碳的排放。

（七）生物质平衡材料（BMB）

巴斯夫凭借生物质平衡方案，为在化工行业使用可再生原料开辟了新领域。在巴斯夫生物质平衡方案中，可再生原料将被作为原料，用于基础化学品生产，如使用部分蓖麻油作为原料的化学品来替代部分石脑油加工的产品，通过减少化石燃料的使用来减少二氧化碳排放。

在生物质平衡材料（BMB）应用方面，巴斯夫与宝马集团开展合作，在宝马汽车生产过程中使用生物质平衡的汽车漆。宝马集团已选择在其位于德国莱比锡和南非罗斯林的工厂使用巴斯夫涂料的 CathoGuard® 800 ReSource 电泳漆，并在整个欧洲使用 iGloss® matt ReSource 哑光清漆。在汽车涂料中采用这些更可持续的产品可使每层涂料减少约 40% 的二氧化碳排放，到 2030 年，生物质平衡材料的应用将使这些工厂排放的二氧化碳量减少 1.5 万多吨。

（八）"力谋士"尿素降解酶抑制剂

在种植业中，为了提高农作物产量所施用的化肥也贡献了相当大一部分碳排放量。土壤中的微生物能产生一种尿素降解酶，将土壤中含氮的尿素分解为氮气，从而消解土壤中氮肥的肥力，进而增加化肥的使用量。为此，巴斯夫开发了"力谋士"尿素降解酶抑制剂，"力谋士"包含的两种活性成分 N– 丁基硫代磷酰三胺（NBPT）和 N– 苯基磷酰三胺（NPPT）可有效抑制土壤中各类形态结构的脲酶，与尿素等氮肥复配后施用，抑制土壤尿素降解酶的活性，提高肥料的使用效率，进而减少因化肥使用而产生的二氧化碳排放。

五、展望未来

随着全球气候变化的加剧，碳中和成为了全球经济发展的重点，而化工行业作为一个能源密集型产业，自身的绿色转型对实现碳减排意义重大。作为全球领先的化工公司，巴斯夫集团始终致力于推动碳中和领域的创新和发展，将自身的责任扩展至采购、生产到销售的全部经营活动中，努力实现气候中和目标。

在增长中减排，在减排中增长。未来，巴斯夫集团将不断加强企业碳中和管理，做好企业碳排放的监测和控制，推动碳中和管理的规范化和科学化。同时，巴斯夫将通过持续的研发和创新，推动气候友好型工艺技术的发展和应用，扩大可再生能源使用规模，进一步提高能源使用效率。此外，巴斯夫也将进一步加强与供应商、客户和合作伙伴等各方的交流合作，推动全产业链绿色发展转型，减少产业链碳足迹，携手共同迈向碳中和之路。

【企业简介】

巴斯夫（BASF）是世界领先的化工公司，在全球拥有超过 11.1 万名员工，业务涵盖化学品、材料、工业解决方案、材料表面处理技术、营养与护理、农业解决方案六大领域。

作为中国化工领域重要的外商投资企业，巴斯夫建立了具有竞争力的本土生产、市场营销、销售、技术服务和创新网络。

巴斯夫大中华区主要的生产基地位于上海、南京、重庆和湛江（建设中），其中，上海创新园是巴斯夫亚太地区的研发枢纽。目前，巴斯夫在大中华区拥有 26 个主要全资子公司、10 个主要合资公司以及 23 个销售办事处。巴斯夫在大中华区的业务包括石油化学品、中间体、特性材料、单体、分散体和树脂、特性化学品、催化剂、涂料、护理化学品、营养与健康和农业解决方案。

大中华区是巴斯夫全球第二大市场，仅次于美国。2022 年，巴斯夫向大中华区客户的销售额约为 116 亿欧元，截至年底员工人数为 11411 名。

华建集团

以设计力量绘就绿色建筑美好图景

作为工程设计咨询领域的国有领军企业，华建集团是国内最早探索全过程绿色低碳的企业之一。依托重大工程资源优势，华建集团聚焦低碳科技前沿、开展专项科技攻关，实现多项大型园区建筑项目绿色低碳设计，获得国内外多个重大奖项和认证。华建集团力争从设计源头实现城市区域规划和建筑领域的全生命周期以及全产业链减碳，向成为绿色建筑能效的"领跑者"和低碳排放的"示范者"迈进。

华东建筑集团股份有限公司（以下简称"华建集团"或"集团"）把握碳达峰与碳中和的机遇和挑战，主动融入服务国家发展战略，积极践行国企担当与使命，以高质量的工程设计服务社会减碳，以创新性的科技攻关推动行业进步，以专项化的市场开拓发展低碳业务，引领建筑勘察设计行业低碳发展，以设计力量绘就绿色建筑，为国家碳达峰碳中和目标达成贡献力量。

一、低碳经济下的战略升级

华建集团作为工程设计咨询领域的领军企业，是国内最早开展全过程绿色低碳工作的企业之一。旗下设立专业从事绿色低碳研发及工程服务的专项团队，多年来在工程服务、技术研发、行业服务三端发力，聚焦前沿、深根厚植，将碳达峰碳中和理念与企业战略深度融合，将低碳工作融入到企业核心竞争力培育中，以设计的力量助力国家顺利实现 2030 年碳达峰和 2060 年碳中和的目标。具体目标和措施包括：

推进集团建筑设计与碳达峰碳中和理念的深度融合，倡导正向、全过程低碳设计，实现建筑本体设计能耗水平达到行业先进值；运用集团重大工程资源优势，聚焦低碳科技前沿，开展与工程实践结合的低碳专项科技攻关，引领工程设计行业低碳科技发展；发挥低碳创新研究中心的平台效应，串联低碳建筑产业链上下游，构建碳中和生态圈；实现低碳工程服务业务的实体化发展，计划到 2025 年，低碳专项业务产值占集团"十四五"战略新兴业务增量比重达到 50% 以上。

（一）战略升级引领碳中和管理

1.建立集团协作机制

组建华建集团"双碳推进委员会"，加强集团在碳达峰碳中和方面的拓展和整合，加大工作推进力度。在双碳推进委员会下建立各分子公司间的协作机制，在集团内进行碳达峰碳中和工作推进任务分解，明确任务目标，制定责任清单，强化责任落实，严格监督考核。

2.成立低碳专项实体

以提升企业低碳服务能力、促进低碳建筑科技进步为目标，研究筹建绿色低碳业务实体化运作方式，为低碳实体业务发展提供专项资金支持。聚焦于建筑、能源、环境等领域的低碳转型发展需求，从城区／园区／社区／单体等不同维度开展低碳研究与实践，并连接高校研究院所与产品供应商，对接绿色金融投资机构，串联低碳建筑产业链上下游，构建以华建为中心的碳中和生态圈。

3.提供发展资金支持

充分发挥集团科研立项和集团投融资平台两个资金通道作用，为集团碳达峰碳中和工作提供发展资金支持。在集团科研立项中设立碳达峰碳中和专项，加大该领域的科研支持力度。集团投融资平台向集团内部具有发展潜力的低碳业务倾斜，对于集团外部有潜力的低碳产业链企业予以投资，形成低碳业务的协同发展效应。

4.做好低碳信息披露

建立低碳年度报告发布机制，发布年度社会责任报告，探索上市公司 ESG 报告机制。对集团碳达峰碳中和目标任务完成情况开展检查和考核评价，向社会披露企业年度碳达峰碳中和政策响应、技术研发、低碳项目设计和回馈社会等方面的情况，全面展示集团低碳发展取得的阶段性新成效。

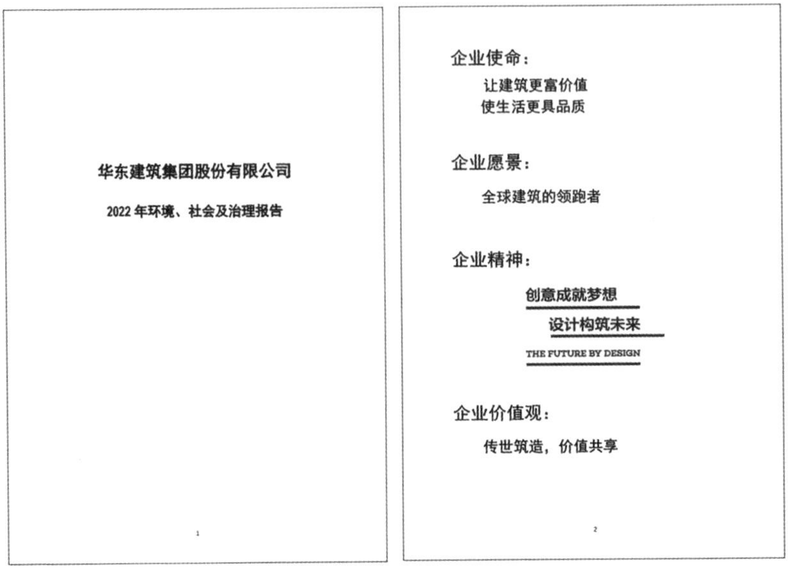
华东建筑集团股份有限公司

2022 年环境、社会及治理报告

1

企业使命：

让建筑更富价值

使生活更具品质

企业愿景：

全球建筑的领跑者

企业精神：

创意成就梦想

设计构筑未来

THE FUTURE BY DESIGN

企业价值观：

传世筑造，价值共享

2

图 1　华东建筑集团股份有限公司 2022 年环境、社会及治理报告

5. 强化碳达峰碳中和人才培养

打造可持续的人才培养及发展模式，将碳达峰碳中和作为集团内部工程师和设计师培训的重要内容，不断提高绿色低碳发展能力。通过业务培训、比赛竞赛、经验交流等多种方式，提高规划、设计、咨询从业人员业务水平。通过技委会组织开展层次不同、形式多样、内容丰富的技术培训与学术交流，积极宣贯更高水平建筑节能标准，推动碳达峰碳中和相关政策和标准实施应用。

（二）植入低碳基因，创新业务模式

1. 以设计的力量服务社会减碳

紧扣集团工程设计咨询主业，实施集团规划设计工程低碳质量提升专项化建设，提升集团规划设计工程低碳理念和技术应用水平。以覆盖全国的工程项目资源条件，创作出更优质的低碳工程作品，通过设计的力量助力社会减碳目标的达成。

（1）强化工程设计模式低碳转型

发挥建筑师、规划师在低碳设计中的主导作用，在建筑师负责制的体系建设中强化绿色低碳设计要求。以绿色低碳为引导，理念前置，开展有效、正向的全生命周期低碳建筑设计，倡导在方案设计阶段即引入低碳理念的工程设计模式，将低碳技术与设计方法从最前端开始进行推敲、尝试、判断并最终落实，并将低碳内容贯穿于建筑设计各个环节。在市政、环境、水利等基础设施工程项目设计中，强化基础设施建设运维全过程碳减排理念植入，积极应用绿色低碳设计方法与技术产品。强化建筑工程设计项目的建筑能耗和碳排放核算工作，要求在项目设计阶段明确建筑能耗和碳排放指标。结合集团专项化建设，研究针对超高层、空港、学校等专项类型建筑制定碳排放及能耗设计指标推荐范围，指导集团工程项目的低碳设计。引导在原创设计中融入低碳理念，以能耗目标为导向开展建筑方案创作，形成华建集团原创作品的低碳特色。发挥集团各分子公司的专业技术优势，在重大工程项目低碳设计中协同工作，整合与集成资源，提供跨专业的整体解决方案。

（2）提升绿色低碳设计理念

引导设计师从节能向低碳的转变，强化对建筑碳排放控制目标和技术措施的认识。重视被动式设计在工程项目低碳设计中的应用，坚持被动优先、主动优化的低碳应用理念；引导结构设计师关注不同结构体系的建筑材料隐含碳排放及节材设计，推广低碳结构体系与材料用量的合理控制；引导机电工程师关注高效机房、热泵、光伏发电、电力需求侧响应等能源系统电气化、高效化措施应用。结合城市更新的机遇，推动既有建筑的低碳设计与节能改造。根据集团业务类型组织编制低碳应用系列手册，为规划设计人员提供低碳规划、低碳设计的参考设计指南。

（3）加快低碳设计与数字化融合

面向城市数字化转型需求，倡导正向的 BIM（建筑信息模型）应用，开展基于 BIM 的性能化分析能力建设；在设计师中推广参数化、性能化设计工具应用，将建筑设计与建筑物理性能分析相结合，对采光、通风、遮阳、能耗、碳排放等性能进行数字量化；在工程项目资源信息库建设中将碳排放与能耗数据采集纳入要求；强化工程项目建筑能耗、室内空气品质、机电运维参数等数据采集监测系统的设计质量和要求，引导工程项目采用物联网、人工智能等新兴的数据采集与分析技术。

图2 第十届中国花卉博览会碳数据管理平台

（4）引导低碳示范工程设计建设

引导在集团承接的各级重大工程、政府投资公共建筑、超高层建筑等高显示度项目中，提升绿色低碳设计理念，推动创建各级低碳示范项目。对标国际先进水平，聚焦绿色低碳建筑全生命期和全产业链，打造与低碳生活相融合、绿色低碳转型与高质量发展相适应的建筑能效"领跑者"、低碳排放"示范者"。

2. 以碳达峰碳中和机遇发展低碳业务

把握碳达峰碳中和带来的市场机遇，成立业务实体，开展从城市区域到建筑单体，从前端策划到后端运维的全生命周期低碳业务布局。

（1）发展区域低碳规划总控

持续发展绿色生态城区、低碳（近零碳）发展实践区等低碳规划咨询业务，并结合零碳社区、碳中和园区建设需求，形成区域零碳策划和规划咨询服务能力；在片区规划、城市设计、能源规划等传统业务领域，引导低碳理念融入，培育低碳专项规划咨询增长点；在设计总控业务中研究纳入低碳总控内容，为区域建设的低碳理念落实保驾护航，并对后续低碳单体设计与专项咨询等业务引流。

（2）做强绿色低碳设计咨询

基于超低能耗建筑的技术与标准先发优势，大力发展超低能耗、近零能耗、零能耗零碳建筑技术咨询业务；通过探索能耗限额、绿色低碳的正向设计新模式，提升华建集团低碳设计的品牌效应，为设计主业引流，并积极开拓以零碳为目标的正向设计业务。

（3）拓展多元低碳技术服务

以低碳为主线，在低碳规划、设计、咨询等业务基础上，结合集团业务体系特点，进一步在能源、市政、生态环境等专项化领域开展低碳服务，提高全产业链服务能力；将低碳业务从前端设计延伸至后端运维，并通过项目实际运行评估形成对设计的反馈，形成闭环的低碳服务。

（4）培育碳排放核查与检测

基于集团设计咨询优势业务，结合碳排放核查需求，延伸服务产业链；探索ESG咨询和评估服务；开展工程检测能力建设，以绿色、节能、低碳领域检测需求为重点，形成检测服务能力，组建工程节能检测和运营评估等业务团队。

（5）推进低碳知识产权转化

基于集团在绿色节能领域的研发积淀和专利、软件等知识产权成果，加快推动知识产权的转化。紧扣低碳领域前沿技术和市场需求，持续开展机电新设备、光伏新产品、围护新材料等低碳类产品研发，形成具有竞争力的核心知识产权，并通过多种方式进行知识产权转化，形成完整的低碳服务产业链。

（6）开拓低碳金融服务模式

与金融机构、碳交易平台等机构开展合作，为其绿色金融、碳交易业务提供低碳项目评估、零碳技术支持、低碳项目发掘、低碳技术交流等服务，共同合作建立低碳金融平台，为开发商、供应商、服务商、金融方提供信息互通、技术交流平台，形成产业共赢。

二、围绕主业开拓低碳业务实践

集团积极拓展低碳建筑市场，向绿色性能化优化设计、绿色多目标认证发展。集团为上海临港新片区建筑低碳建设提供低碳技术支撑与把控，为上海虹桥主城前湾地区中央活动区、真如城市副中心核心区等创建低碳发展实践区提供技术服务。

（一）上海黄浦区"一大会址 · 新天地"近零碳排放实践区

该项目东起西藏南路，南至肇周路、合肥路，西到重庆南路，北至延安东路，面积约 1.247 平方公里。该项目针对超大城市中心城区城市更新和品质提升过程中碳计量技术体系缺失、碳减排技术集成不足，提出整体解决方案，形成碳计量、碳减排关键技术，并开展示范应用。强化"渐进节能"与"促进产能"并重，"协同推进"与"技术创新"融合，全面推进"光伏屋顶 + 光伏玻璃"。在创建期满时，实践区碳排放强度低于创建基期的 50% 以上，碳源碳汇比达到 2 以下，可再生能源利用占比达到 20% 以上。中共一大会址、中共一大纪念馆新馆实现零碳排放，新天地南里和北里接近零碳排放，新建九年一贯制学校达到产能房标准。

图 3　黄浦区"一大会址 · 新天地"近零碳排放实践区

（二）上海临港中心世界顶尖科学家论坛永久会场

上海临港中心是世界顶尖科学家社区（WLA 科学社区）的首发项目，2022 年 11 月第五届世界顶尖科学家论坛开幕式暨首届世界顶尖科学家协会奖颁奖典礼在这里举行。整个建筑如同双翼向城市展开，设计抽象地提取振翅欲飞的势态。起伏的光伏屋面，与建筑浑然一体，表达"展未来之翼，聚科技之光"的美好愿景。工程包括 1 座多层会议中心、1 座五星级酒店和 1 座公寓式酒店，项目整体以绿色三星为目标，其中两座酒店塔楼及其裙房为超低能耗实施范围，建筑面积为 97264 平方米。

该项目作为近 10 万平方米的大型公共建筑，面临着因建筑体量大、功能多样性、机组复杂性、人员密度大等带来的能源需求大的问题，实现超低能耗难度巨大，此前全国尚无相关案例。项目团队在设计全过程中进行多方案对比，以健康舒适为前提、以节能减排为目标，实现技术和艺术的融合，最终实现绿色三星、超低能耗的高品质建筑。

该项目预期每年可节约用电 230 万度，即节约标准煤 283 吨。高品质的超低能耗建筑可以营造健康的室内环境空间，大幅降低供暖、空调、照明、电梯等能耗，推进空间节能和设备节能的融合，在提高室内舒适度的同时降低建筑碳排放。该项目作为上海首个通过方案评审的超低能耗公共建筑，也是全国最大的超低能耗公共建筑，其设计方法和技术路径可为上海乃至全国大型公共建筑所借鉴，对建筑行业实现碳达峰碳中和目标具有重大意义。

图 4　上海临港中心世界顶尖科学家论坛永久会场北侧鸟瞰图和俯视图

（三）第十届中国花卉博览会园区

上海崇明 2021 年第十届中国花卉博览会围绕"生态办博、创新办博、勤俭办博"三大目标，构建"规模最大、档次最高、影响最广"的国家级花事盛会。项目规划范围总面积约 10 平方公里。花博会园区通过自建碳中和林、购买国家自愿减排量全面抵消因新建主展区、花博会展期运行产生的建材碳、建造碳和运行碳，实现整个花博会筹备、举行和收尾三个阶段的全部碳中和，是中国第一个"展期碳中和＋园区碳中和"的最佳示范案例，是 2022 首届碳中和技术方案征集暨 UNIDO Global Call 2022（2022 年联合国工业发展组织全球方案征集活动）中国技术储备获奖项目，并获得由上海环境能源交易所颁发的碳中和证书，成为中国首个碳中和园区。

01 自建中和林

开发使用"花博会苗木三维信息化管理系统"，通过7万余棵苗木碳中和林与购买国家自愿减排量，抵消建材碳、建造碳、运行碳总计 16.5 万吨。

02 充分发挥植被固碳的优势效果

综合考虑场地原有植被景观效果及生态保护最大化需求，划定 VSPZs 生态保护区，面积达14万平方米。景观植物遵循"适生适种"原则，绿化面积总计约 125 万平方米，预计碳减排能力 120~150 吨/公顷/年。

03 最大限度降低材料直接或间接产生的碳排放

园区建设材料的60%使用本地材料，可循环材料占比达20%(按成本计)。绿化垃圾全部进行资源化回收利用。

04 降低热岛效应改善园区微气候

园区50%的硬铺场地采用浅色铺装或植被遮荫，采用大量低影响开发海绵设施，实现对雨水的渗透、过滤、处理及管控，避免对土壤生态及地下水环境的破坏，实现年径流总量控制率达到80%。

05 水资源综合利用贡献碳中和

修复原严重退化的水生态系统，实现100%修复，水域面积总计约28万平方米，水面率10%，实现Ⅲ类水水质标准。室外景观灌溉节水率达50%。

06 建筑生态设计

复兴馆屋顶布置太阳能光伏发电，20年寿命期内每年减少碳排放量100吨。世纪馆大覆土建筑节能保温性能。竹藤馆立面采用竹钢复合材料。主入口应用仿生钢结构体系，用钢量可减少三分之二。

07 改善建筑光环境和热环境降低综合能耗

通过景观设计和竹藤构架，温度在夏季下降0.2℃~0.6℃。复兴馆大挑檐屋面和玻璃幕墙遮阳构件，使夏季太阳辐射累计热量削减70%以上。

08 舒适与节能并行的室内环境

采用隔声性能好的围护结构，同时采用低噪声的设备和减少噪声的吸声材料。采用优化空调末端风口布局及分区分层控制等措施，营造室内环境热湿舒适。采用节能型低频闪LED灯具，优选灯具显色指数、统一眩光值等性能，满足展陈及游客生理节律照明要求。

09 清洁能源

上海最大的"渔光互补"示范工程并网供电。复兴馆通过太阳辐射量模拟，以累计辐射量最大区域布置太阳能光伏组件。

10 绿色运营

采用消费者责任核算原则，对建筑全生命期足迹全面追踪。展期家具全部采用租赁形式，循环利用。餐具、纸巾等全部采用可降解材料。设立花博会资源循环利用中心，有机废弃物全部生物降解为有机肥料。园区提供新能源公交巴士。

11 土方平衡

基于BIM技术建立原状和设计地形模型进行土方算量。三维扫描数据采集，研究以施工便道为主要影响因素，并考虑其他次要因素的多维度动态土方平衡应用，实现整体10平方公里的土方平衡。

12 管理创新

前期设计策划阶段，明确绿色设计要求，设计标准和各类绿色认证任务的范围和目标。施工阶段，要求施工单位设立碳综合及绿色施工的措施专篇。

据核算，第十届中国花卉博览会筹备和收尾阶段的建材碳、建造碳合计约 15.2 万吨。至 2040 年，花博园自建中和林的新增净碳汇量可达 18.2 万吨，足以抵纳花博会筹备和收尾阶段的二氧化碳排放量。

图 5　第十届中国花卉博览会园区（左图）和第十届中国花卉博览会自建碳中和林（右图）

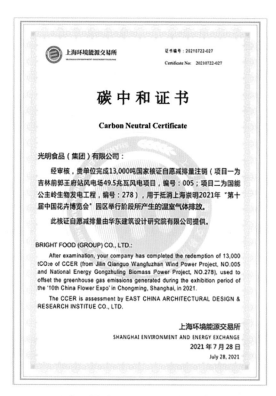

图 6　上海环境能源交易所颁发的碳中和证书

2021 年 7 月，由华建集团重点参与打造的花博会园区获得由环交所颁发的"第十届中国花博会碳中和示范园区证书"，以及 SITES（可持续景观场地）金级认证，成为目前全球最大面积的可持续场地金级认证项目。其中，复兴馆、世纪馆 2 座永久性建筑荣获 WELL（WELL 健康建筑标准）金级中期认证，且获得中国绿色建筑三星级设计标识，成为国内最先以"绿色＋健康"理念打造的展馆建筑。竹藤馆获中国绿色建筑二星级设计标识。

三、引领工程设计领域绿色低碳转型

依托集团牵头成立的低碳创新研究中心，充分发挥集团技术、人才与工程资源优势，开展与工程实践结合的低碳应用技术、政策与标准研究，搭建行业低碳合作平台，助推行业低碳科技进步。

（一）聚焦前沿，推动技术创新

秉承"以科研引领工程，以工程支撑科研"的理念，深耕绿色低碳技术的研究与实践，积极承担"国家／省市／集团"多层级科研项目，并以"国家重点研发计划"等高层次科研课题为突破口，显著提升科研成果质量和行业影响力。先后承担绿色低碳领域国家级科研项目 24 项，市级科研项目 59 项，主／参编绿色低碳领域标准规范 37 部，涉及绿色建筑、城市绿色更新、超低能耗建筑、建筑设计用能限额、可再生能源利用等领域，促进了建筑行业的绿色低碳技术创新与进步。

图7　2022年集团参与编写的《城市可持续运营的双碳之路》（左图）和《零碳工业园区的理论与实践》（右图）

（二）推进重大工程科技创新

积极发挥集团重大工程资源优势，结合工程特点和需求开展低碳科技创新研发。提升重大工程设计团队的科技研发意识，以工程关键技术问题为导向组织研发资源支持。发挥集团的全过程业务优势，引导分子公司在重大工程上的科研与工程资源协同。对纳入重大工程管理的工程项目，由公司科研管理部门进行跟踪，积极组织申报高等级科研计划项目。

（三）聚焦低碳前沿科技研发

积极争取各级科研资源支持，聚焦能源系统优化、零碳建筑及零碳社区、城市生态空间增汇减碳等重点领域，从不同尺度、不同层次开展绿色低碳技术研发。针对区域层面低碳体系发展需求，开展绿色生态城区、近零碳排放实践区、零碳社区的应用实践研究；围绕新建建筑和既有建筑的减碳需求，研究突破超低/近零/零碳建筑应用关键技术，并针对建筑用能限额设计理论体系、存量既有建筑低碳改造、低碳结构设计优化等领域组织专项研究，促进建筑领域全方位的减碳；聚焦建筑能源低碳转型，基于电气化与高效化目标开展建筑用能电气化、建筑光伏一体化、高效机房等应用技术研究；研发城市蓝绿空间固碳、控碳材料筛选及应用关键技术；开展建筑领域低碳产品的创新研发与集成应用，促进建筑低碳产业链业务的延伸与发展。强化基础研究、先进适用技术和前瞻技术研发的结合，探索储能、碳捕获使用和储存（CCUS）等新兴技术应用潜力。

图 8　微盟总部项目（左图）和中兴路一号商品房项目（右图）

（四）资源聚集，构筑行业高地

2021 年华建集团联合上海市绿色建筑协会、上海交通大学共同发起成立低碳创新研究中心。联合上海机场集团、上海城投集团、上汽集团、光明食品集团、东浩兰生、上海浦发银行共同发起《企业低碳减排倡议》。华建集团深度参与的"双碳创新智库"，在 2022 上海建设世界一流设计之都推进大会上正式成立。依托中国绿色建筑与节能委员会绿色建筑规划设计学组组长单位、中国建筑学会高层建筑人居环境学术委员会主任委员单位、上海市绿色建筑协会规划与建筑专业委员会主任委员单位、上海城市更新研究会碳中和专委会发起单位等社会团体工作，积极组织开展行业交流与合作，对建筑行业的低碳发展作出贡献。

（五）发挥低碳中心平台效应

在华建集团"低碳创新研究中心"工作框架下，落实碳达峰碳中和工作重点任务，加强国内外交流与合作，借鉴欧美主要智库运作模式，拓展碳达峰碳中和专项部门与国际知名高校、顶尖专业公司建立人才培养、能力提升、技术研发、项目合作的工作机制。以集团工程资源为纽带，发挥低碳创新研究中心的"朋友圈"效应，联合建筑产业链上下游企业〔上海市城市建设设计研究总院（集团）有限公司、同济大学建筑设计（集团）有限公司、上海城投（集团）有限公司、瑞安房地产有限公司〕，低碳领域技术应用企业〔光明食品（集团）有限公司、上海环境能源交易所、锦江国际（集团）有限公司、中国太平洋财产保险股份有限公司上海分公司〕，高校等科研院所（上海交通大学中英国际低碳学院、上海交通大学设计学院、东南大学建筑学院、上海市环境科学研究院、中国科学院上海高等研究院）等单位，建立"产学研用"的低碳建筑科技创新路径。

四、总结与展望

华建集团以服务国家和上海发展战略为指引，加快企业结构性改革，强化精细化管理，提升核心竞争力，各项经济指标和业务指标居于行业前列。集团在美国《工程新闻纪录》（ENR）"全球工程设计公司150强"排名中位列第51位，较2021年上升6位，位列"中国工程设计企业60强"第6位。

低碳领域的探索与实践，为华建集团在碳达峰碳中和背景下的可持续发展提供了良好的基础，但从点到面的推广仍需发力、科技研发向市场转化的路径仍需完善，需要更大力度推进低碳发展工作。

未来，华建集团将坚持以经济效益与社会效益和谐均衡的可持续发展为目标，将环境、社会责任和公司治理（ESG）管理体系与公司经营深度融合，实现企业发展与社会发展的互利共赢，不断开创集团高质量发展的新局面，争做城乡建设排头兵和主力军，争当世界一流设计咨询企业。

【企业简介】

华东建筑集团股份有限公司是一家以先瞻科技为依托的高新技术上市企业，定位为以工程设计咨询为核心，为城乡建设提供高品质综合解决方案的集成服务商。旗下拥有华东建筑设计研究院有限公司、上海建筑设计研究院有限公司等10余家子公司和专业机构，连续十多年被美国《工程新闻纪录》（ENR）列入"全球工程设计公司150强"企业。

集团深耕建筑领域，与各类国际顶级设计机构建立长期广泛联系，并与政府、开发区、金融机构、地产、文化机构等各类社会资源密切合作。集团作品遍及全国各省市及100多个国家和地区，建成大量地标性项目。集团拥有1个国家级企业技术中心和6个上海市工程技术研究中心，近5年有1351项工程设计、科研项目和标准设计荣获国家、省（市）级优秀设计和科研进步奖。历年来，集团主持和参与编制了多个各类国家、行业及上海市规范和标准。

首届 SHANGHAI INTERNATIONAL
CARBON NEUTRALITY EXPO IN TECHNOLOGIES,
PRODUCTS AND ACHIEVEMENTS
上海国际碳中和博览会
绿色低碳案例集

交通银行

创新绿色金融
赋能绿色低碳发展

为更好地服务国家碳达峰碳中和战略，交通银行将绿色金融发展列为全行发展的长期战略，在集团"十四五"规划中，提出将绿色作为全集团业务经营发展的底色。近年来，在全牌照经营和综合化服务优势的基础上，交通银行精准对接绿色金融需求，构建"2+N"绿色金融政策体系，形成绿色金融产品集成方案，始终致力于服务各类生产方式绿色变革需求，为企业绿色发展贡献金融力量。

大力发展绿色金融是推动经济绿色低碳高质量发展的重要举措和重要支撑力量。交通银行股份有限公司（以下简称"交通银行"）秉承"积极履行国有大行的政治责任、经济责任与社会责任"的责任意识，坚持"建设具有特色优势的世界一流银行集团"的战略目标，围绕高质量发展主题，致力创造可持续共同价值，全力服务国家碳达峰碳中和战略。自 2021 年 9 月起，交通银行成为气候相关财务信息披露工作组（TCFD）支持机构，积极加强与国内外同业和相关组织在绿色低碳领域的互动，探索金融助力碳达峰碳中和目标现实路径。

一、绿色金融发展战略

（一）将发展绿色金融作为长期战略

交通银行高度重视绿色金融发展，2012 年，交行制定《交通银行股份有限公司绿色信贷政策》，明确将发展绿色信贷作为长期战略。在交通银行"十四五"规划中，提出将绿色作为全集团业务经营发展的底色，发挥综合化经营优势，不断提升绿色金融供给质效，推动绿色金融高质量发展。

一是建立健全绿色金融顶层设计。完善绿色金融治理架构，围绕服务实体经济绿色发展，制定分步骤、可执行的路线图并推进实施。优化完善绿色金融管理流程，健全创新发展机制，完善差异化授信政策，推进自身绿色运营。

二是持续丰富绿色金融产品和服务。加快新兴领域绿色金融产品创新，积极打造交通银行绿色金融服务品牌。

三是支持重点领域、重点区域绿色低碳转型发展。围绕国家碳达峰碳中和战略，聚焦新能源及其产业链重点客群，不断加大对绿色融资领域的支持力度；探索发展转型金融，助力传统高碳行业向绿色低碳转型发展。发挥上海主场优势和长三角区位优势，大力支持上海国际绿色金融枢纽和长三角生态绿色一体化示范区建设。

（二）构建"2+N"绿色金融政策体系

交通银行目前已建立相对完备的绿色金融政策体系，可以概括为"2+N"政策体系。"2"即两个顶层设计文件，《交通银行股份有限公司绿色金融政策》和《交通银行服务碳达峰碳中和目标行动方案》，对全行高质量发展绿色金融、高水平服务国家碳达峰碳中和战略作出方向性部署。

《交通银行股份有限公司绿色金融政策》明确将绿色金融作为服务国家碳达峰碳中和战略、促进经济社会绿色低碳发展的重要举措，全力支持经济社会绿色低碳转型。《交通银行服务碳达峰碳中和目标行动方案》明确了绿色金融发展的阶段性目标和16项具体行动，绘制了发展绿色金融、服务碳达峰碳中和战略的时间表和路线图，明确到2025年、2030年、2060年三个阶段交行服务碳达峰碳中和的目标，具体到2025年，交行绿色金融品牌和产品创新力争取得显著成效，绿色金融体制机制力争发挥明显作用，将绿色低碳理念融入经营管理的各个环节，全部绿色贷款余额不低于8000亿元，力争达到1万亿元。16项具体行动既包括服务国家碳达峰碳中和战略，特别是碳达峰阶段的重点任务，也包括交通银行践行绿色低碳理念，加快绿色金融业务发展、产品创新、价值创造、绿色运营、能力提升、人才梯队建设、国际合作等方面的任务举措。2022年，交通银行全行绿色贷款余额超6000亿元，增速高于各项贷款，占比持续提升。

"N"即各类绿色金融专项政策，主要包括组织架构、业务管理、支持工具、细分行业、产品集成、审批政策、考核评价等。

业务管理方面，绿色信贷实施办法、绿色金融债券募集资金管理办法对绿色信贷、绿色金融债业务做了规定；

支持工具方面，对运用人行碳减排支持工具、支煤再贷款两项政策工具提出了要求；

细分行业方面，对相关具体行业推进绿色金融提出了发展导向和管理要求，通过清洁能源、新能源汽车等专项指引对发展绿色金融重点领域提出了专项指导意见。印发专项政策对"高耗能高排放"项目、能源电力保供领域作了具体规定；

产品集成方面，集合公司、投行、国际、普惠、个金等多条线产品，形成绿色金融产品集成方案，积极打造交通银行绿色金融品牌；

审批政策方面，把 ESG 评估嵌入授信申报审批流程，将 ESG 理念应用于授信实践；

考核评价方面，对落实人民银行《银行业金融机构绿色金融评价方案》要求作了具体部署。

（三）完善的管理体系

交通银行明确董事会为交通银行绿色金融工作的最高决策机构，审批高管层制定的绿色金融发展战略和重要政策制度。董事会下设社会责任（ESG）与消费者权益保护委员会，研究、制定、评估和提升交通银行在 ESG 方面履行社会责任的成效，树立并推行节约、低碳、环保、可持续发展等绿色发展理念。高管层下设绿色金融发展委员会。绿色金融发展委员会由行长担任主任委员，分管授信与风险的副行长、首席风险官担任副主任委员，下设投向政策与结构调整小组、碳达峰碳中和工作小组、对公业务小组、零售业务小组、资源保障小组。主要职责包括：

牵头制定集团发展绿色金融及实现碳达峰碳中和的目标、工作举措并推动落实；统筹规划和推进集团绿色金融工作体制机制建设，监督指导各业务条线、各级机构落实绿色金融业务发展和创新要求；定期评估绿色金融发展状况，跟踪主要监管指标完成情况，结合实际情况及时作出发展策略调整。

交通银行境内外分行及子公司亦需成立本机构的绿色金融发展委员会或绿色金融工作领导小组，规划、推进和评估本机构绿色金融发展和管理、服务碳达峰碳中和目标工作。

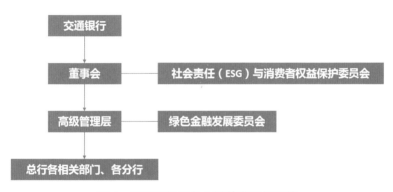

图1 交通银行绿色金融管理组织架构

（四）创新绿色产品矩阵

交通银行着力发挥集团全牌照经营和综合化服务优势，围绕碳减排重点领域的业务场景和客户需求，灵活适配相应类别的金融产品，加强重点领域的绿色金融业务创新。

1. 碳排放配额质押融资业务

碳排放配额质押融资是企业利用自有的碳排放配额进行质押以获取融资的方式，有助于企业盘活碳配额资产，发挥碳交易在金融资本和实体经济之间的联通作用；有利于发挥碳资产融资功能，为应对气候变化探索市场化解决之道。

2021年，为助力某企业盘活闲置碳资产，交通银行在一周内确定了以某地区碳排放配额进行质押融资的业务方案，通过质押企业名下的二氧化碳排放配额为企业提供融资服务。该笔业务是基于该地区环境能源交易所碳排放配额系统发放的首笔融资业务，也是这一区域首笔以碳排放权质押作为增信措施的贷款。全国碳排放交易市场上线交易后，交通银行根据全国碳排放配额交易市场交易规则对交行业务进行优化，发放系统内首笔基于全国碳排放配额（CEA）质押业务。

此后，在总结前期业务的基础上，交通银行对业务再一次进行方案优化，与某保险公司共同开展"碳配额+质押+保险"合作，实现业务投放，这些尝试，为后续交通银行在推广碳排放配额质押融资提供了新的思路和有益的探索。

2. 绿色电力交易贷款

绿色电力是指在生产过程中二氧化碳排放为零或趋近于零的电力，目前主要为风电和光伏发电。鼓励企业购买使用绿色电力是推进用能结构调整的重要举措。一直以来，绿色电力消费企业的辨识问题是制约金融机构开展绿色电力交易贷款的最主要问题。交通银行依据某地供电局出具的绿色电力消费账单、某地电力交易中心出具的绿色电力消费凭证和国家可再生能源信息管理中心授予的绿色电力证书，通过"证电合一"的方式，建立起绿色电力消费认证机制。基于上述真实的交易背景，交通银行为某企业提供低于市场平均利率的绿电交易优惠利率贷款，有效地解决了企业购买绿色电力的资金周转问题。该笔贷款系这一地区首笔绿色电力交易贷款。

3. 指数和理财产品

交通银行联合某公司编制了"中债－交通银行长三角ESG优选信

用债指数"（简称"指数"），该指数是市场首只高等级长三角主题债券指数，聚焦长三角区域优质信用债特点，采用中债 ESG 评级结果作为核心筛选标准，关注债券发行人在环境绩效、社会责任和公司治理等方面的综合表现，有助于引导市场资金流入 ESG 表现良好的优质企业，更好地发挥金融服务实体经济和支持经济转型的功能。2022 年4 月，交银理财应用该指数发行了首款长三角 ESG 主题理财产品——"稳享灵动慧利长三角 ESG 主题（90 天持有期）理财产品"，得到投资者的积极认购，成立规模约 2.5 亿元。该产品优先投资于长三角地区 ESG 表现良好的企业发行的债券，包括"中债－交行长三角 ESG 优选信用债指数"成分债以及各类绿色债（绿色金融债券、绿色企业债券、绿色公司债券、绿色资产支持证券、绿色债务融资工具），碳中和债，蓝色债等 ESG 主题相关的债券。2022 年 12 月，某基金公司发行了首款以该指数为业务比较基准的长三角 ESG 纯债债券型基金，也是全市场首款开放式 ESG 主题债券基金。

4. 绿色双币种自贸区离岸债券（"明珠债"）

2022 年，交通银行推动绿色双币种自贸区离岸债券（"明珠债"）成功落地。交通银行充分发挥市场独创的"投资者＋主承销商＋境外信托人＋中央国债登记结算有限责任公司清算行＋本地结算行"五位一体自贸区离岸债券综合金融服务方案优势，由伦敦分行和首尔分行作为境外投资者成功中标并投资，香港分行作为联席主承销商积极参与发行和承销工作，上海市分行作为中央结算公司清算行为本次发行提供便捷高效的结算服务，通过上海、香港、伦敦、首尔四地紧密配合协同，实现本次债券顺利落地。本次债券募集资金主要用于企业境内符合绿色金融框架的项目建设和投资，推动绿色赋能，助力碳达峰碳中和战略实施。

二、绿色金融撬动企业低碳发展

（一）交银金租首架使用可持续航空燃料飞机交付

交银金融租赁有限责任公司（简称"交银金租"）是交通银行全资控股子公司，是国务院批准成立的首批 5 家银行系金融租赁公司之一，截至 2022 年末，交银金租资产总额近 3600 亿元。交银金租不断提升以"融资融物"特色服务实体经济能力，充分利用在"大交通"等基础设施领域的业务优势，积极践行绿色低碳经济发展理念，2022 年 10 月 12 日，交银金租首架使用可持续航空燃料的 A320neo 飞机顺利交付。该项目是中国租赁公司飞机首次加注可持续生物航空燃料，该燃料是以废弃的动植物油脂、油料、城市生活垃圾和农林废弃物为原料，以可持续方式生产的替代燃料。与传统的化石燃料相比，可持续航空燃料从原材料收集到最终用户使用的整个过程中产生的碳排量最高可减少 85%。

（二）"国际绿色融资框架"与"可持续发展关联贷款"双认证的绿色银团贷款

2021 年 3 月，交通银行与某集团旗下的智能风电、智慧储能系统技术和绿氢解决方案企业正式开展业务合作。2022 年 8 月交通银行参与由10 家银行参与的绿色银团项目。该银团由全球顶尖 ESG 评级机构认证，是获得"国际绿色融资框架"与"可持续发展关联贷款"双认证的绿色银团贷款。该银团贷款合同中具有与借款人在可持续发展绩效关键 KPI指标挂钩的条款，从而激励借款人在可持续发展方面的表现。

（三）绿色中期票据（碳中和债）

2021 年 4 月，交通银行主承销的某企业绿色中期票据（碳中和债）

成功发行，该债券是市场推出较早的权益出资型碳中和债券，募集资金将全部用于"陆上风电"和"海上风电"绿色低碳产业项目。经第三方评估机构测算，在实现相同年度上网电量的情况下，相比火力发电，此风电项目可节约标准煤 219.62 万吨，减排二氧化硫 1340.40 吨，减排氮氧化物 1397.74 吨，减排烟尘 272.38 吨，节能减排效果显著。

（四）渔光互补光伏发电项目

该项目通过对传统高密度高污染低经济值养殖模式的升级改造，打造成"水上光伏文旅，水下生态养殖"的渔光旅立体发展模式。为支持生态发展，交通银行总分行协同推进，在审批环节提供绿色通道优先办贷，仅 3 天就完成整个项目审批流程。该项目与相同发电量的火电厂相比，每年可为电网节约标煤约 14252.81 吨（火电煤耗按全国火电机组供电标煤耗值 306.4g/kWh 计），相应每年可减少多种大气污染物的排放。同时，该项目也汇集了清水蟹养殖、光伏发电、乡村旅游融合发展，保护生物的多样性和丰富性。

三、携手把握绿色机遇

（一）长三角一体化示范区金融同城化服务创新发展联盟

为提升示范区金融服务同城化水平，促进金融要素有序自由流动，推动金融机构协同发展，加强金融风险联防联控，在相关机构的指导下，2021 年，交通银行会同长三角区域 21 家金融及相关机构共同发起成立了长三角一体化示范区金融同城化服务创新发展联盟（下称"联盟"）。交通银行作为联盟理事长单位，积极参与碳市场建设，将普惠金融与绿色金融相结合，发放首笔碳配额质押融资。

（二）全国碳排放权交易市场

2021 年 7 月，全国碳市场上线交易启动仪式在北京、上海和武汉同时举行。交通银行行长刘珺、业务总监涂宏出席上海会场仪式，刘珺代表金融机构宣读《金融机构支持上海国际碳金融中心建设共同倡议》，代表交通银行以联盟常务理事身份共同启动碳中和行动联盟。

在全国碳市场成立之初，交通银行快速组建专门团队，定制开发了全国碳市场资金结算系统，并顺利通过全国碳市场验收，与工行、建行、中行等大行保持同一梯队，为全国碳市场与控排企业的账户签约、交易结算、资金调拨、费用缴纳、利息分派等活动提供一站式线上化资金结算服务。

（三）加大与地方政府合作

2023 年 4 月，交通银行与某省政府签署推动绿色金融改革创新试验区建设战略合作协议，双方就服务小微企业、科技金融、供应链金融、绿色金融、普惠金融等方面深化合作进行了探讨。

2023 年 3 月，交通银行某分行与某省生态环境厅签署战略合作协议。未来 5 年内，分行将提供不低于 1000 亿元金融支持，赋能该省绿色发展。未来，分行将主动契合该省"减污降碳协同增效"发展方向，持续加大信贷资金供给，为绿色低碳转型注入更多"金融活水"。

四、低碳运营打造绿色银行

交通银行坚持践行绿色发展理念，提供绿色服务，倡导绿色低碳生活方式，普及环保意识，通过强化管理、技术升级、设备改造等方式，降低日常运营能耗，减少污染物排放，争做节能降碳践行者。

（一）提供绿色服务

交通银行积极运用数字化科技工具，丰富线上金融服务渠道，为客户提供绿色低碳、优质便捷的金融服务，减少资源消耗，降低温室气体排放。

表 1　交通银行线上服务渠道减排情况

客户分类	客户／交易规模	年度增幅	环保效应（相当于）		
			植树	减排 CO_2	减少用纸量
企业网银（含企业手机银行）	181.68 万户	14.02%	48.02 万棵	6743.64 吨	27242.79 吨
个人网银（含个人手机银行）	96.89 亿笔	7.96%	177.41 万棵	24893.52 吨	100190.93 吨

注：以企业网银平均每户用纸、个人网银平均每笔用纸量为基础测算。

（二）倡导绿色办公

2022 年，交通银行在全行范围内开展碳盘查，全面了解交通银行自身运营碳排放现状，研究自身运营碳达峰碳中和实施计划。交通银行总行制定了《能源计量管理制度》，并明确了总行各楼宇（园区）环境管理目标，以加强能源计量管理，具体目标如下：

2025 年相较 2021 年耗电量减少 5%

2025 年相较 2021 年温室气体排放量减少 30%

2025 年相较 2021 年无害废弃物减少 10%

2025 年相较 2018 年耗水量减少 5%

为落实节能减排工作，交通银行总行设立能源管理小组，为企业节能减排工作提供组织保障，"全面、全员、全过程"地开展节能减排工作。通过"智慧企服"系统平台对能源数据进行实时监控，实时录入电、气等能源数据，生成能源趋势图表，为能源数据分析、能耗预测奠定坚实的数据基础。如利用"智慧企服"信息平台监控用水量，对故障点及时处置，杜绝水资源的"跑、冒、滴、漏"现象。同时推广应用中水回收处理、锅炉高温废水回收利用等节水技术。此外，将交通银行总行各楼宇卫生间老式龙头全部更换成自动感应冷热龙头，总计480套，有效杜绝水龙头的长流水、渗漏水现象，促进各大楼办公区域的节水工作。

（三）打造"零碳网点"

交通银行广东省分行制定整套低碳运营方案，全辖共18家网点完成2771吨国家核证资源减排量（CCER）注销（产生于贵州乌江思林水电站），实现2021年至2023年全年因办公活动产生的温室气体排放的碳中和目标，获得"碳中和证明书"和"预先碳中和"双证书。

图2　交通银行中山分行碳中和证明书

五、总结与展望

2022 年，交通银行根据国家碳达峰碳中和战略要求和"碳达峰十大行动"要求，把"绿色"作为全集团业务经营发展"底色"，建立健全绿色金融"四项机制""五项体系"，助力碳达峰碳中和目标实现。这一年，交通银行制定了《交通银行服务碳达峰碳中和目标行动方案》，从行业产业、区域、产品等多维度引导全行绿色低碳发展。截至 2022 年末，交通银行境内银行绿色贷款余额（人民银行口径）6354.32 亿元，同比增长 1586.69 亿元。其中，清洁能源产业贷款余额 1390.34 亿元，同比增长 514.23 亿元，两者均高于各项贷款同比增速。

未来，交通银行将坚决落实党中央关于生态文明建设的重大决策部署，将绿色作为全集团业务经营发展底色，助力经济社会绿色低碳高质量发展；持续跟进落实国家碳达峰碳中和"1+N"政策体系，服务国家碳达峰碳中和战略，积极采取措施识别和应对气候变化引发的金融风险；不断健全绿色金融治理体系，强化顶层设计，打造多元化绿色金融产品及服务体系，聚焦重点领域、重点区域，加大绿色金融支持服务实体经济力度；践行绿色运营，倡导绿色低碳生活方式。

【企业简介】

交通银行始建于 1908 年，是中国历史最悠久的银行之一。交通银行于 1987 年重新组建后正式对外营业，成为中国第一家全国性的国有股份制商业银行，总部设在上海。2005 年 6 月，交通银行在香港联合交易所挂牌上市；2007 年 5 月，在上海证券交易所挂牌上市。

2022 年，按一级资本[1] 排名，交通银行居全球银行第 10 位。同年，交通银行获得由中国上市公司协会颁发的"2022 年 A 股上市公司 ESG 最佳实践案例"奖（图 3）；被中国银行业协会授予"绿色银行评价先进单位"（图 4）；荣获中央结算公司颁发的 2022 年度 ESG 业务卓越贡献机构（图 5）等 4 项奖项，2022 年度 MSCI ESG 评级为 A 级。

图 3   图 4   图 5

---

[1] 一级资本包括核心一级资本和其他一级资本，是衡量银行资本充足状况的指标。核心一级资本包括：实收资本或普通股、资本公积、盈余公积、一般风险准备、未分配利润和少数股东资本可计入部分；其他一级资本包括：其他一级资本工具及其溢价和少数股东资本可计入部分。

马士基

迈向海运物流业的
零碳未来

作为全球海运物流行业碳减排的先行者，马士基集团积极推动使用绿色燃料，率先建造绿色甲醇双燃料船舶，促进市场形成正向循环机制，不断探索海运物流业碳减排的新发展道路。马士基勇于尝试，积极在低碳减排和经济效益之间寻求平衡，并承诺至2040年在所有业务活动中实现碳中和，体现出引领行业碳中和的雄心和决心。

根据辛普森航运咨询公司的数据，全球航运与物流业每年的二氧化碳排放量高达 35 亿吨，占全球总排放量的 3%，航运与物流业的碳减排责任重大。作为全球碳减排的积极践行者，马士基集团（以下简称"马士基"）努力引领端到端供应链脱碳，实现低碳环保、节能降耗，积极推动集装箱船队使用绿色甲醇替换传统燃料，并在全球范围内寻找战略合作伙伴以扩大绿色甲醇生产规模，共同探索航运领域减排。马士基海运物流"脱碳"之路，行稳致远。

一、碳中和目标：承诺提前 10 年实现温室气体净零排放

为了加快向碳中和航运转型，马士基在 2018 年宣布公司计划到 2050 年实现航运净零排放目标。随着马士基的努力探索和技术的发展，马士基于 2022 年初宣布全新的碳减排目标，承诺立即采取行动推动 10 年内实现减排，到 2040 年为客户提供净零排放供应链服务，该目标不仅比此前设定的时间提前了 10 年，还超越了此前设定的集装箱船队碳减排范畴，涵盖了马士基所有直接和间接业务产生的碳排放。

（一）马士基集团的碳排放分类

以世界资源研究所（WRI）和世界可持续发展工商理事会（WBCSD）开发的《温室气体核算体系》为基础，马士基集团将运营产生的温室气体排放按三大类划分如下：

范围 1：自身营运活动产生的碳排放当量（Own Operations）

范围 1 碳排放当量指马士基集团自身营运活动产生的温室气体排放。自身营运活动是马士基集团能够完全掌控的经营活动，以马士基的船队运营为主，船舶航行产生的碳排放当量占范围 1 碳排放总量的 95%。

范围 2：电力在生产过程中形成的碳排放当量（Purchased Electricity）

范围 2 碳排放当量指的是马士基集团消耗的电力所造成的温室气体排放。范围 2 碳排放当量的 65% 来源于集装箱码头的经营活动。

范围 3：价值链全过程产生的碳排放当量（Value Chain）

范围 3 碳排放当量指与自身经营活动存在上下游关系的其他经营活动所产生的温室气体排放，包括与马士基签有船舶共享协议的其他公司的船舶在运送马士基集团所属集装箱时产生的碳排放。

经测算，马士基集团范围 1 所涉及的碳排放当量约占总量的 44%，范围 2 碳排放当量约占总量的 0.5%，范围 3 碳排放当量约占总量的 56%（数字经过圆整）。

（二）马士基集团碳中和目标与路线图

考虑到全球气候变化的紧迫性，马士基的碳减排及碳中和目标分为 2030 年及 2040 年两个时间节点。

2030 年中期目标： 在全供应链范围内为客户提供领先的绿色解决方案。

其中，**海洋运输**，至少 25% 的货物运输使用绿色燃油；**航空运输**，至少 30% 的货物运输使用可持续航空燃油；**仓储及冷链运输**，90% 的物流操作使用绿色电力 / 绿色燃油；**陆上运输**，至少 20% 的陆上运输使用可循环电力 / 绿色燃油。

根据 SBTi 的要求实现温控 1.5℃以内的目标，对比 2020 年，海洋运输运营碳强度（EEOI）减少 50%，集装箱码头营运范围 1 和范围 2 的排放量减少 70%；在上述方案之外，在 2030 年前实现每年减少碳排放当量 500 万吨。

2040 年目标： 在所有业务活动中实现碳中和并为客户提供 100% 的

绿色解决方案。

为客户提供 100% 的绿色解决方案（基于绿色燃油／可再生电力）；在所有碳排放范围内及经营活动中实现碳中和；以全球温控 1.5℃ 为基本指导，按 SBTi 及碳中和的相关要求，碳排放当量与 2020 年相比至少降低 90%。

图 1　马士基集团碳中和目标路线图

（三）碳中和战略管理体系

实现碳中和是马士基集团的核心战略。马士基集团董事会负责碳中和战略的批准及监督执行，全球执行管理团队负责碳中和战略的制定，全球各相关团队负责具体实施。碳中和战略的落实是一个横向多部门综合协调的过程，由全球执行管理团队统筹实施。

二、海洋运输领域的碳中和战略

海运是马士基集团碳排放的主要来源。作为世界最大的集装箱运输公司，马士基每年将 1200 万个集装箱运送至全球每个角落。一直以来，马士基致力于通过提高现有船舶的能源效率来降低碳排放，2008 年至 2022 年的 14 年间，马士基集团的碳强度降幅超过 40%。

马士基在优化船舶能效方面形成了十分丰富的经验。例如：通过使用大数据、速度优化、运输网络优化等措施提高燃油经济性；对现有船舶进行升级改造，包括提升船舶装载量、加装新型球鼻艏、更新船舶螺旋桨和改造现有船用发动机，从而提升燃油使用效率；对于新建船舶，通过船体线形、主机、螺旋桨的新一代设计大幅提高燃油的使用效率，从而为燃油消耗设定新的标准。这些举措虽然可以提升能源使用效率，但要实现航运 2040 年净零排放的目标，根本途径是使用新型绿色碳中和燃料。

以环保燃料取代传统化石燃料，从全生命周期角度评价净零排放，马士基集团借助新技术、新船舶和新燃料推动海运物流的可持续发展。

（一）全生命周期的评价理念（Life Cycle Assessment, LCA）

绿色甲醇燃料的净零排放强调的是全生命周期的碳排放为零，即生产绿色甲醇的植物在生长过程中所吸收的二氧化碳与后期甲醇燃料在燃烧过程中排放的二氧化碳相抵消，以此实现碳中和。绿色甲醇燃料的生产加工过程应采用绿色电力，运输也应采用绿色环保的方式。全生命周期的评价理念遵循 ISO14040 评价体系。

传统燃料的开采、加工提炼、储存及船舶加注过程统称为燃料的制储运过程（Well-to-Tank），而把燃料在船上的燃烧、转换为动力的过程称之为燃料消耗过程（Tank-to-Wake）。生物质绿色燃料从植物生长、燃料生产、船舶加注到燃料的燃烧也可以区分为制储运过程及消耗过程两大类。全生命周期的评价方法也称之为"Well-to-Wake"评价方法。

全生命周期评价方法"Well-to-Wake"的示意图详见图2。图中粗虚线代表燃料制储运"Well-to-Tank"，细虚线代表燃料消耗"Tank-to-Wake"，实线代表全生命周期"Well-to-Wake"。

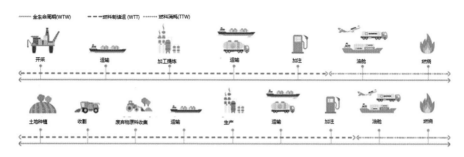

图2 "Well-to-Wake"全生命周期评价方法的示意图

马士基最终所使用的绿色燃料必须经过第三方对燃料碳足迹的认证。相关的认证标准包括可持续生物材料圆桌认证（Round table for Sustainable Biomaterials，RSB）以及国际可持续发展和碳认证（International Sustainability and Carbon Certification，ISCC）。

（二）绿色生物质材料的选择

马士基对于绿色生物质材料的选择有严格的标准。目前市场上对生物质燃油具有非常高的需求，因此对于生产生物质燃料的原材料必须经过严格筛选，不得对社会及环境产生负面影响。

全球人口已接近80亿，生物质原料的使用不得与人类的食物及动物饲料相竞争，不得来源于第一代农作物（例如玉米、大豆、油菜籽、棕榈油）或者第一代木质生物质（例如木材），只能来源于废弃物。

生产生物质柴油的原材料包括第二代生物废弃物，例如废弃食用油。使用废弃食用油最大的问题是来源有限，无法大批量获取，所以不适合作为生物质甲醇的原材料。生物质甲醇最可行的原料来源是农业及林业废弃物，例如秸秆。搜集秸秆生产生物质甲醇的另一大优势是避免了秸秆在自然分解、填埋或燃烧时产生的碳排放。

生产电制甲醇的二氧化碳必须来源于废弃生物原料，例如通过气化废弃生物质、提炼沼气、燃烧纸浆及甲烷植物等获得二氧化碳。电解水所使用的电力必须是可再生电力。由于生产电制甲醇所消耗的电力巨大，马士基要求必须是额外可再生电力，不得与现有的、以民用为目的的绿色电力相竞争。可再生电力的产生包括风能、太阳能、地热能、潮汐能等途径，其中风能与太阳能是最常见的绿色电力来源。

（三）规模化采购绿色甲醇燃料

甲醇在常温常压下呈液态，便于运输及储存。虽然甲醇也存在一定的毒性，但其毒性可控。从技术上看，绿色甲醇燃料是目前及未来一段时间内替代化石燃料的最佳选择。

氨燃料在燃烧后不会产生二氧化碳，是一种完全零碳排放的燃料。但是氨具有较强的毒性与腐蚀性，作为船用燃料存在一定的安全隐患；另外以氨作为燃料的船用发动机目前在技术上还不成熟。尽管如此，由于其完全零碳排放的特性，绿色氨燃料是未来值得期待的绿色燃料。

马士基正在全球范围内进行绿色甲醇采购，目前已与全球9家企业签署了绿色甲醇供应合作意向，向其采购绿色甲醇，为马士基第一代大型绿色集装箱船舶提供燃料，其中3家企业来自中国。中国是全球制造业中心，马士基集团在中国成立了相应的团队负责在中国的绿色甲醇燃料采购，该团队在业务上与总部保持密切联系，共同落实在中国的采购方案。

（四）甲醇双燃料船舶投入运营

马士基集团已经做出决定，今后新建船舶必须使用绿色燃料，改造现有的船用发动机，使之适应绿色燃料的使用也是可供选择的方案。上述措施也要求租赁的船舶开展升级换代。甲醇双燃料船舶的设计工作，由马士基集团负责船队技术的部门来负责。为配合甲醇双燃料船舶的运营，马士基集团专门成立了绿色甲醇燃料的评估与采购部。甲醇双燃料船舶的开发建造以及绿色甲醇燃料的采购，最终由全球执行管理团队统筹协调。

2021 年 2 月，马士基宣布建造首艘甲醇双燃料集装箱支线船，服务于欧洲区域，载箱量为 2,100TEU，预计 2023 年第二季度投入营运。随后，马士基陆续宣布了一系列甲醇双燃料大型远洋船舶的建造计划，载箱量达到 16,000–17,000TEU。

图 3 马士基 17,000TEU 载箱量甲醇双燃料船示意图

截至 2022 年 10 月，马士基订造的甲醇双燃料船舶已经达到了 19 艘的规模，全部投入运营后，每年将减少 230 万吨二氧化碳排放。新建船舶将全部用于替换现有船舶，不会增加马士基船队的总运力。

马士基希望通过带头建造甲醇双燃料船舶向业界展示对绿色甲醇的需求是现实存在的，并以此为契机鼓励市场形成一个正循环的机制，促进绿色甲醇生产走上规模化轨道。2022 年，全球已有多家船运公司加入了建造绿色甲醇船舶的行列。除马士基外，达飞、中远海运等也加入了甲醇动力船订造的阵营。根据挪威船级社 DNV 的最新数据显示，2022 年全球船东总共订购了 35 艘甲醇燃料船。

三、陆侧运输的绿色解决方案

陆上运输、仓储物流和空运，都是马士基新的业务增长点，也是客户零碳物流的强烈需求所在。目前，据统计，马士基在陆上运输、仓储物流及空运领域的碳排放，占马士基总碳排放量的 22%。马士基对陆上运输、仓储物流及空运领域的零碳解决方案不断进行探索，形成了更多有效的经验与模式。

图 4　马士基大中华区陆侧运输绿色行动方案

马士基大中华区陆侧仓储及物流脱碳解决方案的规划与实施，由大中华区陆侧脱碳领导小组负责统筹，该领导小组由负责大中华区物流与服务产品的开发及实施、大中华区客户服务、大中华区产品销售等相关负责人组成，并与集团总部负责能源转型、大客户管理等职能部门密切合作。

（一）多式联运模式

马士基通过将公路短途运输与铁路及驳船等运输方式有效衔接，实现"公转铁""公转水"等多式联运方式，减少碳排放、优化成本。

陆侧运输最大的痛点在于如何完成闭环作业以及卡车运力短缺。为此，马士基推出"陆改水"及"公转铁"多式联运模式解决方案为客户解决物流挑战，并取得了显著的成果。目前，马士基"陆改水"从太仓到九江，覆盖了长江沿岸的 12 个码头，包括九江、南京、芜湖、扬州、张家港、泰州、常州、无锡、安吉、大丰、太仓和苏州。

马士基将持续推广"公转铁"、"陆改水"的多式联运模式，不断拓展并深化陆侧运输网络，为道路运输提供灵活多样的替代方案并无缝衔接海运、空运、仓库及码头等设施。2023 年，马士基预计通过 14 万TEU 多式联运的模式转换，实现 8 万吨的碳减排。

（二）三角集运模式

马士基采用三角集运提升运输效率，通过算法及平台匹配车辆的最佳运输路线，减少空驶及等待时间。三角集运，简而言之就是将海运、拖车及集装箱三者结合起来提供一体化的方案，进而将进口和出口操作整合成一个整体，使得进出口的操作性、协调性及计划性更强。

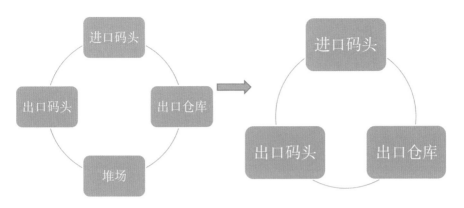

图 5　三角集运示意图

按照原有的"四角"模式（进口码头—出口仓库—堆场—出口码头），进口企业先把货物拉到仓库清关，卸成空箱后再运去码头堆场等待下一个出口企业提箱。升级后的"三角集运模式"（进口码头—出口仓库—出口码头），省略了货车司机往返堆场取箱的路程，只要海运客户同时委托做集卡拖箱，卸货后原地验箱，合格箱可以直接拖往出口客人指定仓库装箱，免去了往返堆场的百公里路程。

"如意配"作为马士基数字化平台已上线，并为进、出口集装箱三角集运提供高效可靠的线上方案，减少空驶及等待时间的无效能耗。2023 年，马士基目标是实现 6 万 TEU，通过三角集运模式减少 14,000 万公里的空驶里程，运输时长减少 50% 以上，费用减少 40%，公里数减少 15%，节能减排 15%。

（三）再生及可替代能源开发利用

马士基积极推动电动卡车和新能源卡车的试点，实现 0 到 1 的突破，参与新能源交通低碳生态系统的建设。马士基联手合作伙伴，不断投入开发新能源电动重卡及氢能源重卡在重点线路的试点规模，并将其应用在更多运输线路和应用场景。

2023 年 3 月，马士基成功使用电动卡车为客户运送了风力发电机组配套设备，货物由客户在北京的仓库装车，运往天津。这是马士基与客户、第三方集卡运输企业的成功合作，也是在华北地区公路运输能源转型 0 到 1 的突破。马士基同时为该项试点的电耗配置了"国际可再生能源证书（International Renewable Energy Certificate）"，意味着此次电动卡车运输所使用的电力来自可再生电力。

在海外，马士基也在印度试验电动卡车，组织 B2B 物流运输，在德国及西班牙的电气化铁路上将普通电力替换成可再生电力，截至 2022 年年底，在美国部署了 29 辆电力驱动重卡，到 2025 年将新增部署 400 辆。

（四）其他零碳解决方案

马士基在陆上运输、仓储物流和空运领域还采取了其他零碳解决方案。例如：在新西兰试行将冷链物流链上的冷却剂替换成对环境影响较小的二氧化碳冷却剂及氨冷却剂；在丹麦陶洛夫（Taulov）、巴西圣保罗（Sao Paulo）、英国顿卡斯特（Doncaster）、上海临港新片区等地新建的仓库建筑设施取得 LEED 白金资质或 BREEAM Excellent 资质；与美联航及 Air France KLM 合作，部分使用可持续航空燃油，并将该产品向客户推广。

四、码头设施的脱碳举措

马士基集团的零碳承诺同样涵盖在全球的全资及合资码头，主要举措包括：

在欧洲及美国纽约伊丽莎白港（Elisabeth）等 8 个码头完全使用可再生电力进行码头运营；在马士基印度枢纽港的两台轮胎龙门吊上使用

双燃料，实现 50% 的能源节约及碳排放减少；在马士基码头公司哥德堡（Gothenburg）码头实现铁路集疏运量同比增加 13%；马士基码头公司 2022 年订购了 180 台电力及燃料双驱动的码头操作设备；在马士基码头公司印度皮帕瓦沃（Pipavav）码头铺装了一兆瓦的太阳能面板。

五、环境与生态系统保护

马士基集团的业务横跨海洋、陆地及天空，经营活动不仅排放温室气体，还会造成其他污染及废弃物的排放。马士基集团已经在保护生物多样性及生态系统的健康、治理污染物与废弃物的排放、优化水资源的使用及倡导绿色环保的船舶拆解四个方面展开行动，力求保护生态环境。

（一）生物多样性及生态系统健康

马士基集团采取了诸多行动以减少经营活动对生物多样性的影响。

支持对海洋气候变化的科学研究。马士基在 50 多艘船上配备了自动气象信息搜集设备，并将信息实时与德国国家气象局分享，用以进行天气预报及气候研究；连续多年支持海洋垃圾清理行动；

防止压载水中包含可侵入物种。马士基的船舶在全球航行，必须将压载水中夹带可侵入物种的风险降到最小；马士基严格遵守关于压载水管理的国际公约，2022 年已经在自有船队中 73% 的船舶上加装了压载水处理装置，到 2024 年 9 月安装比例将达到 100%。

保护鲸鱼及其他海洋生物。马士基的船舶有可能航行于受保护的或者具有生物敏感性的水域，对诸如鲸鱼等海洋生物的生活及哺乳造成影响。2022 年，马士基与世界航运理事会（World Shipping Council）合作，划定了鲸鱼保护区域，倡导国际航行船舶避免驶入该区域；马士基还发起了一项航行船舶水下噪音的研究，以便了解水下噪音与海洋生物环境之间的关系，为船舶的降噪设计及相关法规的制定提供依据。

打击非法野生动物买卖。 濒危生物、名贵原生木材的买卖是有组织的犯罪行为，2022 年马士基与世界航运理事会、非政府机构合作，倡导在国际海事组织（IMO）框架下采取行动，阻止被禁货物的运输与买卖，今后将一如既往加强监察，阻断相关的非法行为。

（二）治理污染与废弃物的排放

在控制污染与废弃物排放方面，马士基也开展了多项具体措施，包括：

控制船舶污染物的重大泄漏事件。 马士基在 2022 年没有船舶污染物重大泄漏事件（未经控制的超过 $10m^3$ 的芳烃类污染物泄漏），马士基将继续加强污染监测体系的建设，遵守欧盟即将出台的法规，制定涵盖更多种类化学品排放的定义及指标。

提升空气污染排放的报备制度。 燃料的使用会造成大气污染，包括硫化物、氮化物及其他污染颗粒的排放，作为清洁空气联盟（Alliance for Clean Air）的创始成员，马士基主导开发了一套测算供应链各环节污染排放的定量化方法，为后续污染物的减排奠定了基础。

预防航行过程中的集装箱坠海。 马士基会定期公布有关集装箱坠海的数据，同时在内部以及与外部机构合作研究集装箱坠海的根本原因及预防措施。

改进废弃物排放的管理体系。 马士基强化了废弃物排放的监测机制，制定了更为严格的污染排放管理体系，增强了员工的培训，并将相关体系推广到了陆上供应链的营运环节。

（三）水资源的有效使用

马士基依据世界资源研究院（World Resource Institute，WRI）的研究结论，将全球水资源紧张区域划分为低、中、高及非常高四个区域，并定量分析办公室、陆上仓储设施及集装箱码头分别在上述区域的用水量，这一定量分析帮助马士基掌握了不同业务类型、不同地理区域的用水强度，为后续根据区域特点制定节水措施提供了坚实基础。

（四）绿色环保的船舶拆解

目前，全球 98% 的船舶拆解在孟加拉、印度、巴基斯坦、土耳其及中国完成，船舶在拆解过程中缺乏必要的环保及劳动保障措施。预计 2033 年全球的拆船量将达到现有水平的四倍，而且很大一部分来源于超巴拿马型船的拆解，在全球的船舶拆解基地建立必要的环保及劳动保障措施刻不容缓。

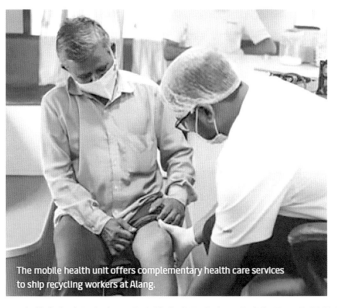

图 6　马士基在印度阿朗船厂设立的流动医疗点正在为船厂工人提供帮助

马士基于 2019 年在印度的阿朗船厂（Alang）试点了针对船厂工人的培训计划，重点是让工人关注自身的健康及卫生、加强劳动保护，并大范围推广了医疗救助，包括针对 600 人的口腔癌筛查、对 4900 人的糖尿病筛查及对 1750 人的皮肤病治疗。

马士基支持欧盟的船舶拆解法规（Ship Recycling Regulation，SRR），并参加了欧盟委员会于 2022 年 6 月举行的听证会，主张将 SRR 纳入欧洲循环经济的总体框架，促进船舶废钢铁的重复利用。

马士基是 2018 年提出的船舶拆解透明性倡议（Ship Recycling Transparency Initiative，SRTI）的创始发起人，旨在鼓励航运价值链上下游各方的信息透明，改进政策的制定及行业的具体实践。马士基正在努力推进相关各方落实船舶拆解透明性倡议。

六、展望未来

零碳与生态保护是每个人、每个企业的共同责任。作为全球综合航运物流企业，马士基的目标是到 2040 年，通过新技术、新船舶和绿色燃料在所有业务中实现净零排放。马士基致力于为客户提供一站式的全球物流服务，简化客户的供应链环节，在这个过程中零碳与生态保护贯穿业务领域的方方面面，通过在物流领域推广使用绿色能源和技术，有效推动减少碳足迹，为实现可持续发展贡献力量。

【企业简介】

马士基集团（MAERSK）是为客户提供全方位海运与物流服务的公司，成立于 1904 年，总部位于丹麦哥本哈根，目前全球员工总数超过 11 万人，服务网络遍布全球 130 多个国家和地区。马士基集团的业务板块涵盖集装箱船队、集装箱码头、仓储与物流设施及空运服务，截至 2022 年年底，马士基运营的集装箱船舶共计 707 艘，船队总运力 422 万标箱，船队规模位居全球第二，集装箱年运输量约占全球 15%。

马士基集团于 2016 年开启了战略转型，目标是依托海运核心业务，拓展仓储及物流服务，在物流重要节点打造仓储及物流设施，同时开拓空运服务、陆侧运输服务，并进行有机整合，为客户打造一个端到端、海陆空一体化的综合物流体系。

马士基集团在中国的业务始于 1924 年，当时马士基的杂货船"萨利·马士基"轮第一次挂靠上海。改革开放以后，马士基在中国的第一家办事处于 1984 年在广州设立。目前马士基在中国大陆地区的 37 个城市设有办事机构，中国大陆的员工总数约 1.7 万人。大中华区是马士基最重要的市场之一，马士基全球出口货量三分之一来自于中国市场。

首届 SHANGHAI INTERNATIONAL
CARBON NEUTRALITY EXPO IN TECHNOLOGIES,
PRODUCTS AND ACHIEVEMENTS

上海国际碳中和博览会
绿色低碳案例集

欧莱雅

守护地球之美
成就绿色低碳新时尚

作为消费品、化妆品行业的绿色标杆，全球知名美妆集团欧莱雅致力于守护地球之美，并始终将可持续发展作为企业战略核心。在 2019 年实现自身运营场所碳中和的基础上，欧莱雅持续带动行业上下游伙伴可持续转型，共同实现全产业绿色发展。同时，欧莱雅积极传播可持续发展理念，利用自身影响力呼吁消费者做出更可持续的消费选择，不断引领消费品行业的绿色低碳发展。

气候变化使人类发展及生态环境出现潜在而永久性的退化，抵御气候变化一直是欧莱雅集团可持续发展愿景中的重要组成部分。欧莱雅致力于守护地球之美，改变自身业务模式以尊重地球界限，并积极应对气候变化带来的挑战。至 2019 年 6 月底，继宜昌天美工厂成为"零碳工厂"后，苏州尚美工厂也实现碳中和，并且，欧莱雅中国在中国分销中心、研发和创新中心以及办公室均完成可再生能源使用，成为欧莱雅集团内第一个在所有运营场所实现碳中和的市场，率先迈入零碳时代。2022 年 7 月，欧莱雅北亚区成为欧莱雅集团首个实现所有运营场所碳中和的大区，再次领跑全球。

一、"欧莱雅，为明天"可持续发展承诺

（一）可持续发展目标

在 2013 年"美丽，与众共享"可持续发展承诺基础上，欧莱雅集团以"地球界限"理论为基础，于 2020 年 6 月启动全新的"欧莱雅，为明天（L'Oréal for the Future）"可持续性项目，为欧莱雅集团制定了一系列面向 2030 年的宏伟目标：

到 2025 年，欧莱雅的所有运营设施将提升效能，100% 使用可再生能源，进而实现碳中和；

到 2030 年，欧莱雅将通过创新让消费者在使用欧莱雅产品过程中产生的温室气体（每单位成品计算）与 2016 年相比减少 25%；

到 2030 年，欧莱雅将让与运输产品有关的温室气体排放量（每单位成品计算）与 2016 年相比减少 50%；

到 2030 年，欧莱雅的战略供应商将他们的直接排放量的绝对值（范围 1 和范围 2）与 2016 年相比减少 50%。

这些目标不仅聚焦于欧莱雅集团业务运营的直接影响，更关注作为生态圈一份子的间接长远影响以及赋能作用，以加快转型，打造尊重地球界限且更具可持续性和包容性的发展模式。

（二）可持续发展战略"三大支柱"

"欧莱雅，为明天"可持续性项目设立了两大战略：推动欧莱雅业务模式转型，尊重地球的极限和为应对全球挑战作出贡献。这两大战略基于三大支柱：一是自我转型以尊重地球界限；二是赋能欧莱雅的业务生态系统，帮助他们完成转型，打造更可持续的世界；三是为应对全球挑战作出贡献，为社会和环境的迫切需求提供支持。

欧莱雅以科学为基础在气候变化、水、生物多样性和资源四大领域及社会承诺上，制定了 26 个目标。同时，作为美妆行业的领导者，欧莱雅承诺投入 1 亿欧元进行影响力投资（以支持循环经济新项目和支持恢复自然生态），也向慈善基金会捐赠 5000 万欧元，帮助弱势女性群体。

（三）"由上至下"的可持续发展管理体系

指导委员会负责决策	工作委员会负责日常管理	专项工作小组
指导委员会每季度召开一次会议。指导委员会由 CEO 和 CSO 担任主席，负责领导可持续发展事务、提供战略指导并监督预算编制和可持续发展目标完成情况及奖金分配。指导委员会还负责讨论与可持续发展相关的关键事项并做出决策。每季度汇报一次目标完成进度。2022 年，欧莱雅集团在绩效考核中纳入浮动奖金制度。	欧莱雅中国可持续发展团队由首席可持续发展官领导，负责中国可持续发展工作的日常管理，可持续发展工作委员会各成员相互协作，确保可持续发展项目在中国的战略规划和落地实施。工作委员会由来自职能、业务、运营、研发和创新部门的员工组成。工作委员会推动日常的可持续发展工作、目标完成和影响力提升进程。	公司在出现新的可持续发展议题与任务时成立专项工作小组。工作小组由可持续发展总监领导，成员包括指定的职能部门总监和与新事务相关的议题专家。以"无废弃物工作小组"为例，其成员分别来自可持续发展供应链和财务部门。工作小组定期召开会议，开会频率视需要而定。

图 1　欧莱雅中国可持续发展事务管理体系

欧莱雅中国也已建立起清晰的可持续发展事务管理体系，确保各项措施得以有效落实。管理体系分为决策、日常管理和工作落实三个层级。

二、业务生态系统低碳转型实践

（一）欧莱雅中国苏州智能运营中心

欧莱雅积极响应中国节能减排的号召，通过使用节能电器、环保材料及先进的设计建造方法，全方位减少工厂及配送中心的能源消耗。2022年7月，由于旧灯亮度有限，工程EHS部门主导了苏州UP1车间的LED更换项目。项目更换灯具256套，不仅可以保障照明质量，还可以节省更多的能源，减少约44,236千瓦时/年的用电量，减少32,292.28元/年用电成本。

2022年10月，欧莱雅苏州智能运营中心举行了奠基仪式，欧莱雅苏州尚美工厂10万级洁净车间也正式启用。欧莱雅苏州智能运营中心计划占地9万平方米，预计2023年第四季度正式投入运营。建成后的苏州智能运营中心将会是碳中和建筑，通过屋面光伏板发电以及外购可持续能源满足运营需求并按照LEED[1]金级绿色建筑标准设计。同步投产的洁净车间也远超美妆行业标准，新车间根据LEED金级认证标准投建，通过反光涂料和保温板降低热能流失，并采用磁悬浮冰机系统以达到高效节能的目的，体现了欧莱雅对可持续发展的承诺。

欧莱雅智能运营中心和洁净车间通过全新升级的系统和软件设计实现更数智化、更敏捷、更定制化、更可持续的运营服务，力求打造高效、智能的生产模式，在运营全链路的每个环节引进世界领先的自动化仓储物流设备和技术，致力于用更灵活且可持续的方式提供服务。

---

[1] LEED是国际认可的绿色建筑评价标准，已覆盖全球182个国家和地区。

图 2　拟建成的苏州智能运营中心示意图

（二）清洁能源和可再生能源使用

1. 宜昌天美工厂零碳排放项目

宜昌天美工厂作为欧莱雅北亚区最大的彩妆工厂，也是欧莱雅集团北亚区第一家实现碳中和运营的工厂。宜昌天美工厂通过一系列措施全面践行可持续生产，包括使用高效 LED 照明及自动控制、风机水泵变频改造、蒸汽冷凝水及锅炉余热回收、太阳能工业热水系统、中水回用等项目，达到水及热能高效应用、碳排放控制及生产废料回收再利用。

2015 年 7 月，欧莱雅与湖北省宜昌市政府共同启动宜昌天美工厂零碳排放项目，致力于水电等清洁能源和可再生能源的全面利用，通过新建与水电站直连的输电电缆和专供水电的变电站，使工厂所需电力 100% 来源于水电。同时，宜昌天美工厂用电锅炉替代生产所需的天然气锅炉，并完成食堂炊具的电气化，最终实现由水电取代所有化石能源。从 2005 年到 2014 年，宜昌天美工厂的二氧化碳排放量减少了 38%，进

而于 2015 年 9 月实现零碳排放目标。目前，天美工厂所需能源已 100%
来源于三峡水电，二氧化碳排放因子已从 2013 年初的 766 千克 / 兆瓦时
减少到零。

图 3　欧莱雅宜昌天美工厂

2. 苏州尚美工厂成为江苏省首个建成且规模最大的并网型太阳能发电系统

苏州尚美工厂通过使用太阳能、风能和生物质能（利用餐厨与园林
垃圾为原料制备生物质气体）为厂区供电供热，通过厂内"多能互补"，
在 2019 年实现工厂碳中和。早在 2014 年 4 月，苏州尚美工厂建设完成
装机容量为 1.5MW 的太阳能发电系统，成为江苏省首个建成规模最大的
并网型太阳能发电系统。同年 8 月，苏州尚美工厂开始利用风能电力。
2019 年 4 月，工厂启动建设分布式热电联供系统，以生物质气体为原料
制备绿色蒸汽及生物电。至此，苏州尚美工厂在与 2005 年相比产量扩大 3.5
倍的基础上，从 2005 年到 2019 年 5 月，二氧化碳排放量减少了 100%。

图 4　欧莱雅苏州尚美工厂

（三）运输中的绿色物流

欧莱雅于 2022 年开发了温室气体（GHG）排放计算工具，通过该工具可每月查看数据并快速确定碳排放产生的主要来源，并预测全年GHG 排放数据，同时采取以下关键措施，推动减排承诺的实现。

1. 关于入境运输的减排行动（将货物从国际生产地运至中国）：空运是二氧化碳排放的主要来源，因此，欧莱雅提倡优先使用海运和铁路运输。此外，欧莱雅特别成立了一个跨部门工作组，确保价值链中的所有团队了解他们在实现可持续发展承诺中的角色。同时，欧莱雅发布了内部指南，旨在明确责任以及何时和如何应用空运的标准化决策方法。在中国，欧莱雅在 2016 年进行了广州至欧洲铁路运输线路的试运营。

2. 关于对外运输的减排行动（将商品从欧莱雅中国仓库运送至消费者）：在城市间的运输，欧莱雅采用如液化天然气卡车这样的低排放运输方式，减少温室气体排放，在 2022 年已运营了 12 条城市绿色物流路线。

除此以外，自 2020 年起，上海也在试行电动自行车交付电商包裹。目前，在上海市区内，欧莱雅已经采用零排放的绿色车辆进行货物和包裹配送。

（四）运营中的碳减排与碳中和

欧莱雅在办公区域的设计及运营中融入环保理念，办公场所使用的所有灯光均为 LED 感应灯，以减少能源消耗。本地服务器机房的所有机柜都进行了改造，升级为可持续节能的智能机柜。欧莱雅中国位于上海的静华大厦办公室及越洋广场办公室的所有设计均获得了 LEED 金级认证（Leadership in Energy and Environmental Design 绿色能源与环境设计先锋）。目前，欧莱雅已经在中国的分销中心、研发和创新中心以及办公室实现绿色电力 100% 使用。

图 5　欧莱雅员工飞行碳中和林项目

欧莱雅通过抵消员工差旅过程中产生的碳排放来减少对环境的影响。在 2018 年，针对不可避免的公务飞行，欧莱雅携手中国绿色碳汇基金会于江西省安远县开展规模为 334 亩的碳中和林项目，对员工差旅飞机票征收生态"税"，以抵消当年欧莱雅员工公务飞行产生的不低于 8000 吨二氧化碳排放量。自 2018 年起到 2022 年，欧莱雅中国携手中国绿色碳汇基金会，在云南省大理州南涧县种植占地 1038 亩的碳中和林，共计 11 万棵树约减碳 2.9 万吨，实现员工公务飞行零碳目标。2019 年起，欧莱雅鼓励员工的商务差旅以火车代替航空飞行，以减少温室气体排放。与 2018 年相比，在上海北京商务差旅中的 CO_2 排放量减少了 67%。

（五）低碳理念传递你我他

2022 年世界环境日，欧莱雅工程 EHS 部门开展了"减碳生活"活动。活动基于支付宝的应用程序记录员工绿色行为并将其转换为绿色能量。1 个月后，工程 EHS 部门对员工绿色能量数量进行排名，并给前 10 名赠送礼物，旨在让员工体验低碳生活，共建清洁美丽的世界。欧莱雅也在当天设置了"二手市场"，鼓励员工交换闲置物品，以此帮助人们发现日常用品的剩余价值，而不是直接扔掉。

图 6　欧莱雅工程 EHS 部门 "减碳生活" 活动

欧莱雅中国重视资源节约，充分利用线下门店的消费场景，建立产品包装回收闭环，推动消费者资源保护意识的建立和习惯的养成。2018 年起，欧莱雅中国携手泰瑞环保，在中国 400 多家品牌门店启动空瓶回收项目，让消费者能够做出更可持续的美妆消费选择。欧莱雅集团旗下 11 个品牌，530 家线下门店与柜台都是消费者空瓶回收活动的参与者。截至 2022 年 3 月，集团回收的空瓶总量超过 190 吨，回收的空瓶将

100% 被重新利用。

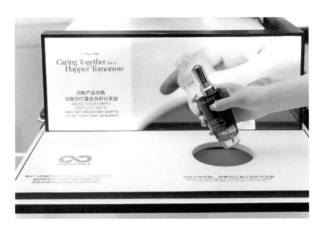

图 7　兰蔻空瓶回收

图 8　欧莱雅中国"为地球上妆"线上仿妆活动

2020 年，将"欧莱雅，为明天——可持续发展承诺 2030"发布之际，欧莱雅中国发起"为地球上妆"线上仿妆活动，携手国家地理图库，以地球的万千美丽景象为灵感，打造创意仿妆。至今已携手旗下十几家彩妆品牌，包括巴黎欧莱雅、植村秀、Urban Decay 等，以及逾 60 位美妆达人，用妆容引发大众对气候变化议题的关注和可能消失的地球美好之境的守护，呼吁每个人都为应对气候变化做出减碳行动。欧莱雅致力于守护地球之美，改变自身业务模式，积极应对气候变化带来的挑战。

（六）可持续生产实践

欧莱雅致力于减少废弃物的产生。与 2019 年对比，2022 年苏州尚美工厂每单件产品产生的可运输废弃物降低了 9.1%。为了推动 2030 年实现 100% 的材料回收率，苏州尚美工厂启用了一种新的处理方式，即把污泥转化为陶粒后再继续投入使用。自 2022 年 7 月开始采用该处理方式后，苏州工厂的物料回收率提高 25%。

欧莱雅中国研发和创新中心新产品中试部每年产生约 11 吨危险废物，其中 56% 是塑料空桶。所以，目前欧莱雅中国把塑料桶换成了不锈钢桶，这将帮助该部门节省 1500 个塑料空桶，平均每桶 700 克，每年约减少 1 吨危险废物。

三、打造绿色供应链

欧莱雅中国遵循集团战略，在供应商管理中设置准入原则与管理机制，致力于寻求在人权、工作条件、环境管理和商业诚信方面与欧莱雅有着相同道德标准的商业伙伴。准入原则上，根据"欧莱雅，为明天"的框架，鼓励供应商深入了解欧莱雅可持续发展体系，并针对供应商建立定量的管理目标，在未来也会逐渐将这些指标纳入供应商准入的硬性要求。管理机制上，对供应商的考核设定五个维度，分别是服务质量、价格、创新能力、物流管理成效以及可持续发展，五个维度的权重一致，各占20%。同时，欧莱雅还引入EcoVadis和全球环境信息研究中心（CDP）评分机制，来综合衡量供应商的环境保护情况。

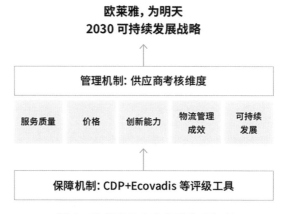

图 9　欧莱雅供应商考核管理机制

欧莱雅中国遵循集团坚持可持续采购战略，通过 5 项采购原则（Sourcing Pillars）对原材料种植和收获阶段进行评估和管理，保障产品源头的可持续实践。

图 10　欧莱雅 5 项采购原则

　　欧莱雅在推动自我转型的同时，也带动供应链伙伴可持续转型，从而实现共同的绿色发展。2019 年，欧莱雅首次针对直接采购供应商召开供应商大会。2022 年 7 月，欧莱雅再次携手近百家战略供应商，以"欧莱雅为明天，低碳不低调"为主题，召开欧莱雅北亚及中国间接采购供应商大会，旨在带动更多供应商协同行动，共同推动可持续发展，响应全球 1.5℃控温计划，为中国实现碳达峰碳中和目标作出贡献。为帮助供应商实现减排目标，欧莱雅还鼓励他们参与 CDP[1] 评级与改进。截至2022 年 8 月，欧莱雅北亚地区的直接采购战略供应商已全部纳入 CDP考核。欧莱雅中国还与供应商建立"双向评分"机制，对于在可持续发展方面表现不尽如人意的供应商，提供建议并要求其开展整改。

（一）欧莱雅助力雅利集团"绿色印刷"转型

　　雅利集团是欧莱雅中国供应链体系中的一员，承接标签印刷的业务。雅利印刷于 2017 年首次参加了 CDP 评分，当时的评分是 D 等级，仅达到"披露"。为助力雅利集团苏州工厂加快绿色低碳转型进程，欧莱雅在合作期间多次邀请雅利集团代表参与内部专业培训与工作坊，内容涵盖能源效率、节能减排等领域的经验和方法。此外，欧莱雅还带领团队前往雅利集团苏州工厂进行实地考察，切实帮助其挖掘提高能源效率与节能减排的机会，并在联合研讨会中与雅利集团共同商讨、设定其实现碳中和的路径。

　　得益于欧莱雅的指导与支持，雅利集团苏州工厂通过三大步骤实现

---

[1]　CDP 是与 MSCI 和标普全球 DJSI 道琼斯可持续发展齐名的权威 ESG 评级机构，主要对全球气候变化、森林和水方面的风险和机遇进行调查和评估。CDP 评级从高到低共分为A、A-、B、B-、C、C-、D 和 D-8 个等级。

碳中和：一，最大化减少能源消耗，如厂房增建超过 4.4 万平方米保温墙，以 LED 灯替代办公室日光灯，推行集中办公制度；二，系统化升级工厂设备，如在车间干燥设备率先使用 LED 固化灯，减耗电能 50%；使用集中水冷系统，节省能源 30%；三，引入可再生能源，如厂房屋顶铺设约 1820 平方米太阳能光伏电板；员工班车与市区内物流送货车辆使用纯电动汽车，每年节省燃油约 4500L。2019 年，雅利集团的 CDP 评分跃至 B-等级。2022 年 9 月，在欧莱雅的牵线下，雅利集团苏州工厂通过 SGS（瑞士通用公证行）认证，正式获得《达成碳中和宣告核证声明》。同年 11 月，雅利集团正式宣布其位于苏州的工厂实现碳中和，成为欧莱雅北亚区首个供应商合作减碳的成功试点。雅利集团目标在 2023 年达到 CDP 评分 B 等级，2026 年达到 A 等级，与供应链和客户携手合作，共同为社会可持续发展注入力量。

（二）荣庆物流响应欧莱雅号召推行"绿色运输"

荣庆物流是与欧莱雅中国合作 17 年的战略合作伙伴，业务覆盖运输、仓储，始终在企业核心价值观和环保意识上与欧莱雅保持高度的默契与共振频率。近几年来，荣庆物流积极响应国家号召，在绿色运输、绿色运输减排测算以及绿色仓储等方面与欧莱雅保持长期合作。荣庆物流在欧莱雅项目上大力推行新能源车辆的使用，在欧莱雅城市配送项目中投入 9 辆天然气卡车和 3 辆生物柴油卡车，在欧莱雅市配项目中投入 79 辆电动汽车，覆盖 10 个城市。除此之外，荣庆物流全面推行节能减排的举措，包括在太仓新建基地同步推行各种再生能源、节能环保及绿色能源项目，例如雨水循环收集、LED 灯、太阳能面板等。据荣庆物流

2020–2021 年 COP 报告[1]披露，新能源汽车投入 17 辆，消耗生物质柴油占比达到 11.9%，非传统水资源利用率为 20.3%，可再生能源热水量利用率占比 91.8%，安装节能设备节约电量 2.9 万 kwh，循环利用中转箱 2600 个。2021 年，荣庆物流被欧莱雅中国授予 CO_2 减排合作奖，也是欧莱雅中国区 B2B 业务唯一被授予此奖的供应商。荣庆物流已制定了 2030 年碳排放强度较 2020 年降低 50% 的目标，未来将通过运输车辆更替、清洁能源引入、设备能效提升、制冷剂能效提升、辅助驾驶设备引入等实施路径，携手欧莱雅共同实践碳达峰碳中和战略。

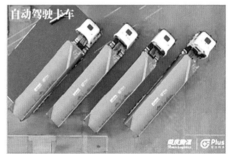

图 11 荣庆物流推行新能源车辆的使用

---

[1]　COP 全球契约年度进展报告制度创建于 2003 年，是联合国全球契约会员和签约单位向全球契约报告企业过去一年在社会责任方面所做的努力和工作绩效报告。

四、多方合力共话绿色可持续

（一）欧莱雅健康低碳专项基金

2022 年 7 月，为促进绿色低碳消费、提升美妆领域消费者知情权的保护水平，欧莱雅中国捐资与上海市消费者权益保护基金会共同成立"欧莱雅健康低碳专项基金"。这是上海市消保基金会内首个聚焦美妆行业消费者健康教育和首个国内专注于推动绿色消费的专项基金，也是首个上海市消保基金会与外资消费品公司共同设立的专项基金。

"欧莱雅健康低碳专项基金"致力于提升消费者对化妆品成分功效的健康安全意识，引导化妆品行业在产品健康安全和低碳绿色领域建立更公开、更透明的消费者沟通机制等。该基金将借鉴国际上的成功经验和做法，推动建立国内化妆品领域产品低碳科学评价体系与标签系统，为消费者提供可衡量可比较的信息，并助推化妆品行业在低碳绿色可持续方面的产业升级，同时也将着力开展化妆品成分的公益科普活动，倡导健康安全的消费理念。

（二）欧莱雅产品环境影响信息及等级标注系统

2023 年 4 月 11 日，"欧莱雅健康低碳专项基金"的最新成果"产品环境影响信息及等级标注系统"在第三届中国国际消费品博览会上进行中国首发，这一可持续创新解决方案帮助消费者了解所用产品在整个生命周期中对环境的影响，做出更可持续的消费选择。

"产品环境影响信息及等级标注系统"由欧莱雅集团与 11 位独立科研专家根据欧盟产品环境足迹（PEF）指南的内容和要求，采用严谨的科学方法共同开发，从温室气体排放、水资源短缺、海洋酸化和对生物多样性的影响等 14 个方面来准确衡量欧莱雅产品在其生命周期的每个阶段对地球的影响。该系统以直观和可对比的方式为消费者呈现了产品对环境的影响，并提供了全面和透明的信息。包括详细披露了每件产品的整体环境评分、碳足迹和水足迹、生产与包装情况以及产品社会责任方面的信息，并从 A–E 五个等级对产品进行评估，其中"A"级对应着欧莱雅集团所有同类产品中对环境影响最小的产品，环境影响程度随等级依次递增。该标注系统将率先应用于欧莱雅集团旗下高端护肤品牌碧欧泉，未来将逐步应用于其他品牌。欧莱雅集团也将持续升级旗下产品，以减少其对环境的影响。

图 12 产品环境影响五色盘

（三）与阿里巴巴共谋行业绿色发展

1. 加入"减碳友好行动"，倡导可持续消费

为了吸引消费者，欧莱雅作为 19 个领先消费品牌之一参与了阿里巴巴发起的"减碳友好行动"。该行动使用了一个游戏化的平台"88 碳账户"，集合了电商中的碳核算和奖励系统。目标是帮助消费者识别"低碳友好"产品，影响他们的购买决策，而且告知消费者每购买一件产品实际节省的二氧化碳排放量。随着时间的积累，每个消费者可将积累的

"碳点"用于解锁数字徽章和折扣。这种与阿里巴巴的游戏化合作将持续推动消费者价值链旅程中的数字化，同时也培养用户在每次与应用程序交互时激发新的行为变化和环保行动。

图 13　欧莱雅 & 阿里巴巴"减碳友好行动"

2. 更可持续的物流包装

欧莱雅中国始终致力于推广在电商物流中使用更可持续的包裹解决方案。2018 年，欧莱雅中国携手阿里巴巴集团开始在物流中使用无胶带、易撕拉的绿色包裹，并将填充物和外包装都替换为环保可循环材料，在欧莱雅中国旗下 24 个品牌推广应用。截至 2022 年年底，欧莱雅中国已寄出 1.49 亿个绿色包裹。随着绿色包裹实践的日趋成熟，欧莱雅集团也在寻找更加环保的升级方案。

图 14 绿色包装

2022 年，欧莱雅旗下品牌美宝莲联合阿里巴巴集团菜鸟在杭州发起了"循环包裹"的尝试，这也是菜鸟首次在快速消费品行业 C 端投入循环包裹的使用。相较于传统包裹的单次使用，循环包裹可以被重复使用 40 次，真正实现了资源的循环利用。在首次尝试中，75% 的消费者选择了循环包裹，部分消费者实现了循环包裹回箱的路径。接下来欧莱雅会持续跟进循环包裹的实际落地，力求在不远的未来将这一解决方案大范围推广。

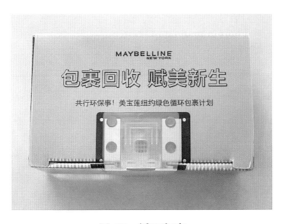

图 15 循环包裹

3. 推动日化行业可持续消费行动

2022 年 7 月 26 日，欧莱雅中国携手商务部《可持续发展经济导刊》和中华环保基金会，于 2022 年第二届中国国际消费品博览会欧莱雅展台上正式联合发布《日化行业推动可持续消费行动指南》（以下简称《指南》）这是中国日化行业内首个可持续消费领域的指导性文件。《指南》立足"人货匹配，双向互动"的核心理念，以"产品全生命周期（Product Life Cycle）"和"消费者行为模型 AIPL"两大理论模型为基础，结合日化企业推动可持续消费的主要挑战和优势，为处于不同发展阶段的企业提供行动指南与一线案例参考。同时，基于该两大理论模型，《指南》分别以"提高可持续产品供给"（生产运营端）和"推动消费者向可持续转型"（营销沟通端）两个目标为导向，围绕产品旅程和消费者旅程的不同阶段，为企业推动可持续消费提供行动指南，以期通过创造和传递可持续价值，帮助消费者拥有更可持续的消费和生活方式。

此外，为推动美妆行业在可持续与减碳方面的发展，欧莱雅中国积极参与"美丽拯救地球"绿色、低碳、循环发展论坛以及第二届中法碳中和合作峰会等活动，分享绿色消费理念及可持续发展愿景，不断推动美妆行业实现绿色转型，为消费者提供更可持续的消费和生活方式，未来将与合作伙伴一起从整个生态系统加快实现转变。

五、总结与展望

欧莱雅一直都在引领全球商业社会可持续发展变革。早在 2009 年，欧莱雅就针对温室气体排放、水和废弃物管理制定了 2015 年环境目标；2013 年，发布了贯穿整个价值链的"美丽，与众共享"可持续发展承诺；在各项目标圆满并超额完成的基础上，于 2020 年开启了可持续发展旅程的新征程，正式启动"欧莱雅，为明天"2030可持续发展战略，聚焦气候变化、水、生物多样性、资源及社会承诺多个领域，制定了26个面向2030的宏伟目标，以此确保在"地球界限"内，也就是人类必须在未来10年严守的9大生态底线，与商业生态伙伴共同应对迫切的社会和生态挑战，推动美好消费变革，守护美好星球的明天。

欧莱雅将环境友好理念贯穿于企业管理和运营实践，利用先进科学技术手段，以抵御气候变化、以可持续方式管理水资源、尊重生物多样性和保护自然资源四大关键举措推进欧莱雅中国可持续发展目标进程，加速自我转型。欧莱雅始终坚信与价值链伙伴共赢才是可持续发展之道，可持续发展已经成为欧莱雅供应商准入与考核的重要指标。同时，欧莱雅致力于通过开放创新不断挖掘美妆行业的创新动能，将可持续发展作为五大投资领域之一，以期培育前瞻性的创新解决方案，推动行业再升级。

中国是欧莱雅全球最具战略地位的市场之一，欧莱雅将继续开拓创新，不断满足人们日益增长的品质、责任、绿色消费的需求。在欧莱雅全球体系中，在"欧莱雅，为明天"战略框架下，持续贡献创新智慧和最佳实践。

【企业简介】

110多年以来，欧莱雅身为全球美丽事业的先行者，始终坚持一件事，即专门致力于满足全球各地消费者对美的需求和向往。欧莱雅以"创造美，让世界为之所动"为使命，以包容、道德、慷慨的态度定义美，并致力于社会和环境的可持续发展。凭借集团旗下36个国际品牌的强大组合以及富有前瞻性的"欧莱雅，为明天——可持续发展承诺2030"，欧莱雅向全球各地消费者提供优质、高效、安全、真诚且负责任的美妆产品，以发挥潜力无限的多元之美。

欧莱雅中国目前在中国拥有 31 个品牌，1 个研发和创新中心，两家工厂分别位于苏州和宜昌，共有超过 1.4 万名员工。经过 25 年高质量、稳健、可持续的增长，中国已成为欧莱雅集团全球第二大市场，集团北亚区美妆黄金三角洲的总部以及集团美妆科技三大枢纽之一。2022 年是欧莱雅进入中国内地市场 25 周年，欧莱雅在中国市场设立了首家投资公司——上海美次方投资有限公司，并在苏州奠基了欧莱雅集团全球首家自建智能运营中心。作为负责任的企业公民，欧莱雅中国始终贯彻落实集团提出的"欧莱雅，为明天——可持续发展承诺 2030"，是集团第 1 个自运营场所实现零碳的市场区域，并积极通过社会责任项目，持续为中国社会的美好发展作出贡献。

施耐德电气

可持续发展的
践行者与赋能者

作为全球能源管理和自动化领域的数字化转型专家，施耐德电气既是可持续发展的坚定践行者，也是可持续发展的长期赋能者。不仅推出衡量自身可持续发展表现的量化指标，打造从设计、采购、生产、交付到运维的端到端绿色供应链，更通过自身行业优势与数字化技术的完美融合创新，将可持续能力赋能整个生态圈。未来，施耐德电气将持续深化数字化低碳解决方案，赋能企业及全社会加速减碳进程。

碳排放不仅存在于企业自身的制造环节，也存在于上下游供应链。作为全球能源管理和自动化领域的数字化转型专家，施耐德电气一直致力于推动绿色低碳可持续发展。借助电气化与数字化的技术融合与创新，不断提升产业可持续发展水平，助力客户和供应链伙伴从理念到实践，践行可持续发展之路，实现智能制造的加速转型，以"数字引擎"为经济社会绿色低碳转型注入无限动能。

一、可持续发展的目标及承诺

以赋能所有人对能源和资源的最大化利用，推动人类进步与可持续的共同发展为宗旨，施耐德电气在推进可持续发展的过程中，不仅制定了衡量自身可持续表现的指标体系，还做出了积极承诺。

（一）可持续发展衡量指标

2005 年，施耐德电气推出衡量自身可持续发展表现的量化指标体系，即"可持续发展影响指数（SSI）计划"，每三年或五年进行更迭，并于每季度发布由第三方审计的《可持续影响指数报告》来评估可持续发展表现。

2021 年，施耐德电气发布全新的"2021–2025 施耐德电气可持续发展影响指数（SSI）计划"，旨在通过 11 个具体的目标和本地赋能计划，提升施耐德电气在应对气候变化、高效利用资源、赋能本地发展、创造平等机会等方面的表现，最终促进联合国可持续发展目标的实现。此外，该项新计划首次强调了"本地模式"，施耐德电气全球百余个国家和地区将因地制宜提出本地目标，满足当地对可持续发展的基本需求。

图 1　施耐德电气 2021-2025 可持续发展影响指数（SSI）目标

（二）碳中和承诺

针对气候变化挑战，施耐德电气做出了中长期承诺：

到 2025 年，实现自身运营层面的碳中和；

到 2030 年，实现自身运营层面"零碳就绪"；

到 2040 年，实现端到端价值链的碳中和；

到 2050 年，实现端到端价值链的净零碳排放。

二、可持续发展的践行者

作为可持续发展的坚定践行者，施耐德电气将可持续发展作为战略核心，早在 2002 年就将可持续纳入公司核心战略，并将可持续融入业务经营的方方面面。

（一）完善的组织体系

为实现自身可持续发展目标，施耐德电气构建了与绿色低碳发展战略相融合的组织体系，成立可持续发展战略委员会，负责制定和推动公司在可持续发展方面的战略计划，推动可持续发展目标融入公司治理全过程，使可持续成为每个员工的行为准则。

同时，将可持续目标的实现进度与团队及个人的业绩直接挂钩，并将各项指标进一步量化，提出具体行动计划，层层分解落实到全球各个部门，定期开展评估，确保公司在经济、社会和环境方面的可持续性。凭借在可持续发展道路上的长期卓越实践，施耐德电气获得了全球多个权威机构和知名媒体的持续认可：

- 连续 12 年入选"碳排放披露项目（CDP）A 级名录"；
- 连续 12 年入选"道琼斯可持续发展世界指数"；
- 连续 12 年入选《企业爵士》"全球最佳可持续发展企业 100 强"榜单；
- 连续 6 年荣登《财富》杂志"全球最受赞赏公司"排行榜；
- 连续 6 年入选"彭博性别平等指数"。

（二）端到端绿色供应链

碳排放不仅存在于企业自身的制造环节，也存在于上下游供应链。全球环境信息研究中心（CDP）的测算显示，平均而言，供应链的碳排放水平是企业直接排放的 5 倍以上。以施耐德电气为例，自身工厂的碳排放在整个供应链中只占 10%，而 90% 的碳排放来自上下游。

作为可持续发展的坚定践行者，施耐德电气将可持续发展作为战略核心，把可持续理念融入业务经营的方方面面。除实现自身的碳中和外，施耐德电气还带动产业链上下游企业共同减碳，打造端到端价值链，努力践行社会责任。目前，施耐德电气打造了涵盖绿色设计、绿色采购、绿色生产、绿色交付、绿色运维的端到端绿色供应链，不仅自身实现了低碳化发展，也推进了产业链上下游伙伴的减碳进程。

1. 绿色设计

施耐德电气从产品全生命周期的角度评估产品对环境的影响，在产品设计时考虑使用绿色材料，并力争在 2025 年将产品中绿色材料的使用量增加至 50%，实现公司总营收 80% 以上的产品符合生态设计标准（Green Premium）。2020 年，施耐德电气发布了全新一代无六氟化硫（SF6-free）AirSeT 系列中压开关设备，在设计之初就秉持以无害的干燥空气代替六氟化硫[1]这类温室气体的低碳理念，避免了设备在使用过程中可能存在的强温室效应气体泄露和回收问题，通过空气替代，大大降低了环境破坏。

2. 绿色采购

企业大部分的碳排放存在于上下游，亟需通过采购和合作推动第三方供应商减碳，共同实现绿色发展。为此，施耐德电气对供应商进行了碳排放水平评估，只有符合标准的供应商才能纳入公司采购清单。同时，施耐德电气还为供应商提供了精益生产、数字化方面的咨询服务以提升能力，助力其落实节能降耗。

3. 绿色生产

为了提高生产和运营效率，节约能源和资源，促进清洁能源的规模化使用，施耐德电气通过践行数字化、清洁能源、循环经济三大方式来推进和加快"零碳工厂"建设。

---

[1] 六氟化硫对地球变暖的影响力比同质量的二氧化碳要强 2.35 万倍以上。

（1）数字化技术

施耐德电气通过部署多样的数字化运营系统，使中国区供应链的能耗在过去三年整体降低了 13%（相比 2019 年基线），节能 10817MWh，减碳 6636 吨。

（2）清洁能源

施耐德电气在中国有 21 家工厂部署了太阳能光伏系统。其中，北京工厂屋顶安装了目前公司内部最大的光伏项目，年发电量超 230 万度，承担了工厂每年 30% 的能源供给，累计减少碳排放 1540 吨。施耐德电气北京工厂以微电网技术实现光伏发电的充分消纳和利用，提高用电可靠性、弹性和安全性，优化了整体能源成本，不仅做到了环境保护，也提升了经济效益。凭借光伏项目和微电网系统，施耐德电气北京工厂也成为了施耐德电气在中国首家获得"碳中和证书"的工厂。

图 2　施耐德电气北京工厂"碳中和证书"

图3　施耐德电气北京工厂部署屋顶光伏

（3）循环经济

通过对各种生产材料和资源的最大化循环利用，施耐德电气全球200多家工厂不仅实现了节能降耗，还均实现了零废弃物填埋和全生命周期绿色管理闭环，在推动循环经济的同时，减少产品碳排放和环境影响。目前，施耐德电气在中国29家工厂和物流中心中，已有17家是"零碳工厂"，15家工信部"绿色工厂"和12家碳中和工厂，为产业绿色发展提供了有力借鉴。

4. 绿色交付

在产品包装环节，施耐德电气从数字化、减量化、去塑料等角度出发，减少包装材料对环境的影响，并承诺到2025年，产品一次和二次包装中100%不含一次性塑料。在运输环节，除了广泛采用电动汽车，施耐德电气还搭建了行业领先的物流运输控制塔，通过可视化管理和大数据算法规划物流最佳路线，合并路线，减少空驶，从而降低行驶能耗。预计到 2025 年，施耐德电气因交通运输产生的二氧化碳排放量将减少 15%。

5. 绿色运维

施耐德电气通过使用、维护和回收产品，实现全生命周期绿色管理闭环，在推动循环经济的同时，减少产品碳排放和环境影响。

（三）施耐德电气自身工厂的可持续实践

作为全球能源管理专家与可持续领域担当企业，施耐德电气充分发挥在能源管理及数字化领域的技术、产品与经验优势，以自身的工厂作为实践的出发点，践行可持续发展的道路。

1. 武汉工厂

武汉工厂着手强化可持续发展，并将其融入到业务核心。通过数字化技术，武汉工厂实现能源消耗降低 10%，设施最高可节约 30% 基础能耗，工厂绿色能源使用全年占比达 10%。与此同时，工厂还开展了一系列绿色举措践行可持续。例如，其光伏系统自 2018 年 2 月开始运行，截至当年 11 月，已经实现了发电总量 56 万度，减碳 564 吨。通过 400 立方的雨水存储设施，武汉工厂能够利用自然雨水进行厂区内的绿色灌溉与地面冲洗，实现了成本降低与资源节约的双赢。

2. 无锡工厂

无锡工厂利用数字孪生技术优化整体管理、增效减排，工厂仅在暖通空调一项就实现了 32% 的能耗节约。使用 PME & EBO 系统实现 721MWh 的节能并减少 38.4% 的用水量。此外，通过本地光伏发电、绿电采购和核证减排（CER）共同实现 100% 的二氧化碳减排。2022 年 6 月，无锡工厂获得了由法国国际检验局（Bureau Veritas，BV）认证的碳中和证书。

三、可持续发展的赋能者

施耐德电气不仅是可持续发展的践行者，同时也是可持续发展的赋能者，搭建覆盖广泛的减碳生态圈，以经验和技术持续赋能客户、供应商、员工、社会大众共同减碳。

（一）赋能客户和伙伴

在减碳实践中，企业面临重重挑战。针对企业在减碳过程中面临的方向不明、路径不清、执行不力、回报不定等痛点，施耐德电气提供以咨询为先导，从目标规划、路径设计再到落地执行的全程"陪伴式"服务。2018 年至 2023 年第一季度，施耐德电气已帮助全球客户节约和避免了 4.58 亿吨碳排放，预计到 2025 年累计减少碳排放将达到 8 亿吨。

图 4　施耐德电气"减碳大师"计划

2022 年，施耐德电气发布"减碳大师"计划，旨在集结各行业通过可持续发展咨询和数字化手段实现减碳的先行者，打造更广泛的绿色生态圈，影响和助力更多企业和个人在减碳之路上"有技可施"。未来，施耐德电气将持续借力数字化，发挥能源和自动化融合的专长，赋能企业加速减碳进程。

（二）赋能供应商

为推动供应商减碳，施耐德电气于 2021 年发起供应商"零碳计划"，旨在通过提供技术指导、咨询服务等方式，帮助施耐德电气全球前 1000 位供应商在 2025 年实现运营端减碳 50%，其中包括中国的 210 家核心供应商。

绿色培训：施耐德电气深化对供应商的绿色培训，为供应商提供碳轨迹定义、碳足迹分析等技术培训和数字化脱碳解决方案，帮助提升供应商减碳能力，增效减排，实现绿色转型。

经验分享：通过举办施耐德电气智能工厂、智能物流中心现场参观活动和减碳相关的探索研讨会，为供应商减排提供建议和支持，共同实现整个价值链的碳排放目标。

零碳项目平台：在供应商 2025 年减碳 50% 的框架内，施耐德电气建立了针对供应商的零碳项目平台，协助供应商设定各自的减碳目标，并监控减碳项目实施进度，分析供应商系统内的减碳报告，同时保持内外部沟通，分享最佳节能降碳实践。

（三）赋能员工

施耐德电气以"全职业生涯"体系赋能员工，助其成长为实现可持续发展目标的中坚力量。为促进员工可持续发展自驱力的形成，施耐德电气开设可持续发展全员必修课，加强多渠道全员沟通。此外，还鼓励员工开展各种可持续发展相关的技术创新。例如，施耐德电气厦门工厂的员工自发研究、设计和建设了一套电镀生产线废水回收处理系统，将 93% 的工业废水回收利用，大大节约了水资源，降低了环境风险。

（四）赋能社会

施耐德电气通过赞助北京马拉松，拓展可持续生态圈，向大众倡导低碳生活方式。作为赛事官方合作伙伴，施耐德电气秉承"可持续，不止这一步"的发展宣言，积极参与北马赛事，倡导更多人参与到促进可持续发展的行动中，共同构筑全社会的绿色美好未来。

施耐德电气与国内高校共建实验室，推动绿色创新，迄今已与中国 30 多所高校开展合作，每年有近 1.2 万名师生在施耐德电气联合实验室学习、科研。在与职业院校合作过程中，施耐德电气发起"碧播职业教育计划"，旨在通过产教融合帮助职业院校培养智能制造、能源管理等领域的专业人才。2022 年 3 月起，教育部正式启动中法产教融合项目——"法国施耐德电气绿色低碳产教融合项目"，预示着施耐德电气和应用型本科与高职的合作迈上新台阶。迄今为止，施耐德电气已与全国超过 90 所职业院校展开了广泛深入的合作，为近 900 位教师提供了相关培训，受益学生近 9 万名。

四、面向未来的绿色产业

在气候挑战越演越烈的当下，任何行业与企业都无法置身事外，数字化技术的快速迭代，共享与协同效率及水平的持续提高，为产业践行可持续发展创造了更多可能。面向未来，施耐德电气将持续强化包括软件等关键要素的数字化能力，依托在行业专长与可持续方面的丰富经验优势，并借助 AI 等先进技术不断完善开放的、以软件为中心的自动化，深化数字化低碳解决方案，赋能更多合作伙伴在企业运营与创新的各个环节实现新的跨越，共同创造更加可持续的未来产业。

未来工业：工业是国民经济的主导，当下，中国正在以数字经济赋能实体经济，推进新型工业化。同时，工业也是全球碳排放最大的领域，占比约为30%，实现可持续运营已成为工业领域面临的最重要挑战之一。施耐德电气将通过开放的、以软件为中心的工业自动化，以数字赋能，携手企业共赴开放、高效与韧性、可持续、以人为本的未来工业。

未来楼宇：施耐德电气依托面向楼宇的 EcoStruxure 三层创新架构，打造可持续、柔性、高效且以人为本的"未来楼宇"，结合丰富的可持续发展经验与领先的数字化技术，为更多用户提供绿色、高效、低碳的数字化解决方案，助力建筑行业实现绿色低碳转型，共同迈向零碳。

未来电网：电网连接电力生产和消费，电网转型的速度直接影响能源转型进程。施耐德电气依托面向未来电网的 EcoStruxure Grid 架构与平台，利用数字化技术和解决方案，保障电力安全可靠、高效、灵活及可持续发展，同时基于能源管理领域的前瞻洞察和深厚积累，改善新能源的接入与整合能力，助力源网荷储各个环节的深度互动，实现电网端到端的管理与优化，以创新驱动电网升级，迈向绿色柔性、数字智能的"未来电网"。

未来数据中心：作为数据中心、行业关键应用领域基础设施建设和数字化服务的全球领导者，施耐德电气基于面向数据中心的 EcoStruxure 架构，整合在配电、楼宇和 IT 领域的专长，通过一体化基础设施、全生命周期解决方案及数字化服务覆盖云边端多样化应用场景，助力客户构建面向未来的数字化基石，实现更高效、更具韧性、更强适应性、更可持续的发展需求。

以湖南华云数据湖产业园为例，施耐德电气以基于物联网的

EcoStruxure 架构平台为整体思路，为华云数据湖产业园项目提供了从高低压一级配电到二、三级配电的全生命周期解决方案，打造了一个全面、稳定的电力基础架构。同时，施耐德电气也为数据中心配备了一系列安全可靠的软硬件产品，例如通过部署 PO A5 电源负载自动控制系统，EcoStruxure Power Operation 电力监控系统等软件，施耐德电气为华云数据湖示范产业园提供了安全、可靠、高质量的电力，保障了其稳定的算力，也为标杆数据中心的建设保驾护航。

五、总结与展望

施耐德电气以赋能所有人对能源和资源的最大化利用，推动人类进步与可持续的共同发展为宗旨，经济效益和社会效益并重，将可持续发展理念贯穿于业务的方方面面。目前，在施耐德电气的全球营收中，带来积极气候影响的产品或者解决方案所创造的收入已经占到公司总收入的 70% 以上，这一比例预计到 2025 年将达到 80%。

同时，施耐德电气于 2021 年发布了 2021-2025 的五年"可持续发展影响指数计划"，通过履行"积极应对气候变化，高效利用资源，坚持诚实守信，创造平等机会，跨越代际释放潜能，赋能本地发展"六大承诺，广泛覆盖员工、生态合作伙伴和供应链上下游等利益相关方，打造绿色生态圈，并依托领先数字化优势及丰富实践经验，助力整个生态圈加速迈向碳中和。

未来，施耐德电气将继续加强技术革新，加速推广智能化、数字化、绿色化产品和解决方案，推动产业能源转型和可持续发展。同时，施耐德电气也将不断优化生产效率，加强废弃物管理和资源回收利用，降低工厂碳排放和能源消耗，进一步提升"零碳工厂"覆盖比例，筑就未来工厂样板。此外，施耐德电气将持续推动供应商"零碳计划"，打造端到端绿色供应链，带动上下游企业节能降碳。

【企业简介】

施耐德电气（Schneider Electric）成立于 1836 年，作为全球能源管理和自动化领域数字化转型的专家，施耐德电气业务遍及全球 100 多个国家和地区，为客户提供能源管理和自动化领域的数字化解决方案，以实现高效和可持续发展。施耐德电气的宗旨，是赋能所有人对能源和资源的最大化利用，推动人类进步与可持续的共同发展。

植根中国 36 年来，中国已成为施耐德电气全球第二大市场，业务足迹遍布 300 多个城市，拥有 1.7 万多名员工。作为产业数字化转型和可持续发展的引领者，施耐德电气以领先的技术专长，助力中国产业在提升效率的同时实现绿色可持续，共同向高质量发展迈进。

特斯拉

加速世界向可持续能源的转变

以"加速世界向可持续能源的转变"为使命，特斯拉致力于提供从电动汽车、电池、储能到可再生能源电力的全流程能源解决方案，推动全球全面转向使用可持续能源。2012 到 2022 年间，特斯拉太阳能电池板发电量已经超过其车辆和工厂总耗电量。创新是特斯拉的基因，从商用储能电池到家用太阳能屋顶，特斯拉不断推陈出新，为企业和全社会迈向碳中和提供有力支持。

今天，特斯拉不仅是一家电动车公司，除了生产制造纯电动车，还生产太阳能板及储能设备，提供从清洁能源生产、能源存储到交通运输等完整的可持续能源产品和服务。特斯拉相信，让世界越早摆脱对化石能源的依赖，向零排放迈进，人类的前景就会更美好。

特斯拉致力于推动全球全面转向使用可持续能源，通过其完整的能源和交通运输生态系统，在竭力提升产品可用性的同时，不断降低产品的使用成本，并力争用全新科技带来更加安全的出行体验，以期能够发挥产品的影响合力，带来更大的环境效益。

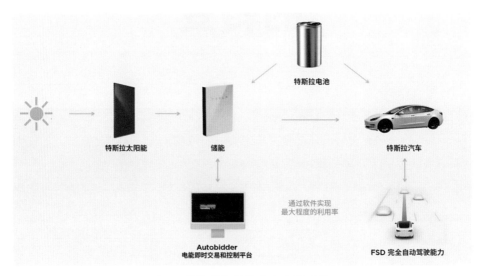

图1 特斯拉可持续生态产品系统

一、可持续发展目标

交通运输是能源消耗和温室气体排放的重点领域之一，强化交通运输节能减排，倡导绿色出行，减少交通运输对能源资源的消耗和环境的影响，是推动环境可持续发展的重要内容。

为最大限度发挥自身影响力，加速世界向可持续能源转变的步伐，特斯拉不断提升产品产量和产品可及性，针对产品从制造到消费者使用再到回收的全生命周期流程，进行持续改进与升级，最大限度降低制造产品的能耗和用水量，设立了到2030年实现每年销售2000万辆电动车，每年部署1500 GWh储能设备的目标。同时，在2023年投资者活动日，特斯拉提出在2050年前实现能源100%可持续的目标，该目标主要分为五个核心方面：一是全面转向电动车；二是在家用、商用和工业领域使用热泵；三是在高温工业生产电气化及可持续制氢；四是在飞机和船舶上应用可持续能源；五是用可再生能源驱动现有电网。

二、可持续发展战略

随着中国汽车产业的复苏和汽车市场的恢复，预计未来汽车出行需求仍比较旺盛，汽车保有量仍将继续增加，汽车碳排放仍面临继续升高的挑战。要在汽车领域加速推动碳排放拐点的到来，公认的路径是大力向可持续能源转型。这是技术的挑战，也是行业的使命。特斯拉以"加速世界向可持续能源的转变"为使命，通过科技创新和技术进步，加速这一转变过程。而新能源车在购车/置换中价格低、补能成本低、保养成本低、安全智能度高、低碳节能，且基础充电设施也在逐步完善，早日实现电动车取代燃油车将会对环境产生重大的影响。

特斯拉努力成为可再生能源发电的持续贡献者，致力于让可再生能源满足所有制造需要的能源需求。此外，特斯拉不断提高生活中可再生能源的覆盖比例，推动更多客户以可持续的方式满足自身能源需求。

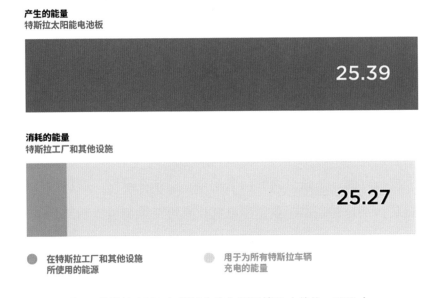

图2 特斯拉2021年能源生产与消耗情况（单位：TWh）

（一）搭建可持续能源生态产品体系

特斯拉致力于推动全球全面转向使用可持续能源，逐步构建完善的光－储－充－车能源生态系统，为消费者提供完整的一体化能源解决方案。通过旗下太阳能发电、储能以及纯电动汽车产品，特斯拉设计了由Powerwall、Megapack、Solar Roof、特斯拉S3XY全系车型等组成的独特的可持续能源生态产品体系，目标是在2050年前实现能源100%可持续。

（二）完善系统性的充电解决方案

特斯拉致力于为中国车主解决新能源汽车补能问题，在聚焦技术创新、提升充电效率的基础上，针对车辆使用的不同场景，坚持智能化管理，确保为车主提供更高效、更便捷、更可靠的充电出行体验，并逐步构建起系统性的充电解决方案。特斯拉中国充电网络持续拓展，2022年，助力特斯拉车主实现行驶里程达64亿公里，实现二氧化碳减排量147万吨，相当于为地球种下294万公顷森林。截至2022年底，特斯拉在中国大陆地区开放使用的超级充电站数量已突破1500座，超级充电桩超1万个，特斯拉充电服务已全面覆盖中国大陆所有省会城市及直辖市，并在上海、深圳、北京建立起15分钟充电生活圈，保障中国车主无忧出行。

（三）产业链条同步减排

特斯拉努力在制造、运输、供应等上游环节削减碳足迹。为最大限度提高能源利用率，特斯拉垂直整合了运输系统。以上海超级工厂为例，自建设的起步阶段，特斯拉就对运送环节做了优化，并努力推动供应链本地化，让上海超级工厂零部件本地化率高达95%。能源回收利用方面，特斯拉的"新型制造工厂"可以减少全球汽车产业平均值约一半的废料产生，同时回收率更高，并以此为理念不断改进旗下工厂可持续性，如上海超级工厂造车过程中产生的废弃物回收率高达96%。

（四）加快储能产业布局

由于新能源存在间歇性、波动性等不稳定的先天缺陷，作为可以解决新能源发电稳定性不足、提升电网系统对新能源发电的承载能力和调节能力的储能技术快速发展。近年来，特斯拉加速布局储能板块，仅2022年储能业务就同比增长60%。2023年，特斯拉设定了建设100GWH规模储能项目的目标。其中，特斯拉储能产品Megapack已更新至第六代产品，成为储能市场的热点产品之一。目前，特斯拉已在全球10余个国家部署了众多工业和住宅储能产品，效率、可靠性、能量密度和安装便捷性方面均领先行业水平。此外，特斯拉也在研究大规模应用热泵技术。特斯拉认为，将来家庭、企业甚至整个工业场所都应转向热泵，热泵有望取代化石能源解决供暖问题，并大幅降低能源消耗。

三、低碳创新实践案例

（一）减少碳足迹

1. 建立设计更合理、更高效的新型工厂

特斯拉在建厂之初就贯彻可持续设计理念。通过合理规划制造布局和生产线，缩短制造过程中的物流周转路径、优化场地使用率，减少零部件在工厂内的转移和汽车生产过程中机器人的使用，降低工厂内物流过程中产生的碳排放。同时，工厂持续提升固体废弃物综合利用率，减少废弃物产生。所以特斯拉通过物料包装循环利用、电池原材料金属回收、中水回收等各项措施，在追求高效能的同时兼顾节能减排，致力成为整车行业绿色制造的典范。

2022 年，特斯拉上海超级工厂荣获"上海市 2022 年度五星级绿色工厂"称号，成为"五星工厂"名单中唯一一家汽车公司。

2. 太阳能电池板覆盖屋顶空间

按照设计，特斯拉所有新工厂都将实现太阳能电池板全覆盖。截至 2022 年底，特斯拉已经安装了容量达 32400KW 的太阳能电池板。据《特斯拉 2022 影响力报告》显示，从 2012 年到 2022 年间，特斯拉太阳能电池板发电量已经超过了其车辆和工厂总耗电量，这些清洁能源为特斯拉工厂和车辆的充电提供坚实保障。同时，特斯拉将继续在可能的范围内和经济上可行的条件下增加这些设施的发电能力。

图3　特斯拉工厂屋顶太阳能电池板

3. 人工智能助力节能降耗

特斯拉利用内华达超级工厂积累六年的传感器数据来培训人工智能（AI）程序，以便安全地控制195个互连的暖通空调装置，从而减少特斯拉工厂总电力负荷。人工智能规模的扩大，使特斯拉能够控制内华达超级工厂的大部分暖通空调设备以及其他超级工厂的暖通空调设备，有望为特斯拉节省大量能源。

4. 可再生能源超级充电站网络

通过当地绿电资源和年度绿电交易的结合，特斯拉全球超级充电站网络的可再生能源利用率于 2022 年达到了 100%。此外，通过年度绿电交易，美国加州一半以上特斯拉车主的家庭都实现了 100% 可再生能源充电，可再生能源利用率显著提高。

5. 电动商用车 Semi

商用车是运输业节能减排的重要突破口。在美国，以半挂式卡车为主的拖挂式卡车只占道路行驶车辆总数的 1.1%。但由于半挂式卡车的重量和高使用率导致其耗油量颇高，尾气中温室气体排放量占到了全美国车辆排放的 18% 左右。所以，重型卡车电动化是世界向可持续性能源转变的重要组成部分。

图 4 特斯拉电动商用车 Semi

为此，特斯拉于 2022 年推出电动商用车 Semi，并完成第一批交付。

外观设计上，Semi 运用了空气动力学原理以降低风阻，单次充电后续航里程可以达到 500 英里（约 800 公里），实现了长途运输的可持续性能源供给，达到节电降碳的目的。

（二）储能产品

1. 商用储能电池 Megapack

近年来，在绿色增长的驱动下，储能产业正悄然崛起。未来的新型电力系统将大量接入风能、光能等可再生能源。而可再生能源的产生机制具有随机性和波动性，需要储能产品在中间进行调节。根据《储能产业研究白皮书 2023》的数据，全球已投运电力储能项目累计装机规模达到 237.2 吉瓦，年增长率为 15%。Megapack 是特斯拉推出的商用储能电池，由一组功能强大的锂电池组成，集成了电缆、电气系统、热管理系统，共同布局在白色的外壳中。每台 Megapack 机组可以存储 3MWh 的能量，满足 3600 户家庭 1 小时的正常用电需求。

图 5　特斯拉商用储能电池 Megapack

特斯拉自 2015 年开设储能业务，Megapack 是特斯拉储能业务的重点产品。目前，特斯拉已开发出针对个人家庭用户、商业用户、公共事业用户的多款产品，并已经开始应用于一些公共事业项目和大型企业。在澳大利亚维多利亚州，特斯拉建设的维多利亚大电池项目包含 212 台机组。作为全球规模最大的可再生能源存储园之一，该项目持续为维多利亚州提供备用电能保护。在日本，近畿铁道公司使用 Megapack 作为大阪铁路服务应急备用电源，发生公用电网断电时，可使所有列车到达最近的车站。此外，Megapack 在北美、亚太、欧洲等多地提供电力补充和保障。据特斯拉统计显示，Megapack 全球总装机量已超过 5 吉瓦时。

图 6　特斯拉在澳大利亚建设的 Megapack 储能园

2. 家庭太阳能屋顶 Solar Roof

2019 年，特斯拉推出第三代光伏屋顶产品 Solar Roof V3，该产品利用全集成太阳能系统为家庭供电，具备收集能量、发电的功能。相较于传统的太阳能屋顶设备，特斯拉的太阳能屋顶成本要低 10% 到 15%，同时，特斯拉太阳能屋顶的强度是标准屋顶的 3 倍以上，可轻松应对各种天气状况，使用寿命长于普通屋顶。此外，借助特斯拉应用程序，用户可以实时监控家庭用电情况，并随时随地控制家庭用电系统，更好实现节能降耗。未来，随着太阳能屋顶的推广与使用，人们有望创造更加可持续的生活方式，加速人类走出化石燃料时代，逐步使用清洁能源。

图 7 第三代光伏屋顶产品 Solar Roof V3

3. 家用电池 Powerwall

Powerwall 是特斯拉推出的可以储能、检测断电情况，并在停电时为住宅供电的电池，可以帮助房主储存太阳能电池板产生的电力，或者在非高峰时段储存电力，以供家庭使用或为电动汽车充电。与发电机不同，Powerwall 无需保养、不耗油也不会产生噪音。此外，Powerwall 也会根据用户家中的电力需求做出反应，减缓或停止车辆充电，使用户的家庭负载保持供电。例如在停电期间，如果 Powerwall 的阈值高于特斯拉应用设置的阈值，那么特斯拉车辆就会从 Powerwall 上充电；如果 Powerwall 的阈值低于车主设置的阈值，Powerwall 将完全停止对车辆充电。用户可以更改这个阈值，以平衡家庭和车辆能源需求。

图 8 家用电池 Powerwall

四、可持续供应链

本着"加速世界向可持续能源的转变"这一使命,特斯拉致力于确保每一家在特斯拉供应链体系内的公司都能够保护环境,最大限度降低对环境的影响,同时制定了相应的负责任采购战略,一是供应链的本地化,增加从直接供应商以及与工厂距离较近供应商处采购材料的比例;二是在全球范围内采购过程中,为改善当地的环境条件作出贡献。

（一）电池回收

作为能源的化石燃料与锂离子电池之间的重要区别在于化石燃料的提取与使用是一次性的，而锂离子电池中的材料是可以回收利用的。从地底开采并经过化学提炼的石油在燃烧时将向大气释放较难回收和再利用的有毒气体，而电池材料经过提炼后置于电芯之中，即便寿命到期电芯仍对这些材料起到封存作用，届时这些材料将被回收，提炼出可重复利用的、有价值的材料。

镍	2300 吨
钴	300 吨
铜	900 吨
锂	300 吨

图 9　特斯拉全球范围内各锂离子电池金属 2022 年度回收量

此外，特斯拉已建成了一套成熟的内部生态系统，可对从使用现场返回到服务中心的电池进行再制造，报废的锂离子电池 100% 将得以回收利用，无一进入垃圾填埋场。特斯拉积极贯彻并实施循环经济原则，在确保电池回收前已经考虑了所有其他可能选择。

除与第三方回收厂商合作，特斯拉也会内部开展电池回收工作。2020 年，特斯拉在内华达超级工厂成功完成电池回收设施一期建设工作，用于内部处理电池生产废料和报废电池。虽然特斯拉数年来一直与第三方电池回收厂商合作，确保电池不会直接填埋处理，但特斯拉内部仍建立了以物理分解、黑粉聚集、提纯为主的电池回收流程，以便作为第三方电池回收产能的补充。

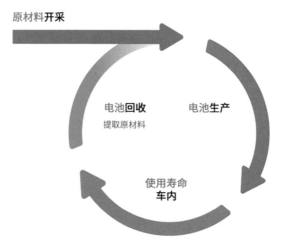

图 10　特斯拉电池全生命周期

　　同时，场内回收使特斯拉更进一步地接近材料生产闭环，使原材料能够直接转移给镍和钴供应商。该电池回收设施开启了特斯拉电池规模化回收的创新循环，使特斯拉得以在生产运营的实践中快速迭代当前产品，并开展在研产品的相关测试。截至 2021 年底，特斯拉内华达超级工厂每周可生产超过 50 吨用于电池生产的相关回收材料。

　　随着特斯拉柏林 – 勃兰登堡超级工厂和得克萨斯州超级工厂实施内部电芯制造，预计特斯拉全球范围内的生产废料将大幅增加。特斯拉以开发一个回收率高、成本低并且对环境影响小的安全回收过程为目标，准备为每个工厂都量身定制电池回收解决方案，将有价值的材料重新引入电池制造过程，使每家特斯拉电池厂都可以现场回收电池。

图 11　特斯拉电池回收利用流程

（二）可持续的电池供应链

为了贯彻和实施可持续的电池原材料钴、镍和锂的采购措施，特斯拉从两方面出发，努力构建可持续的电池供应链。

1. 直接采购

虽然钴、镍和锂经过不同公司的多个加工步骤，但该供应链中一些更为重要的环境和社会风险存在于矿场。直接从矿业公司采购使得特斯拉能够直接参与到当地的环境保护中，而不必依赖处于电动车制造商和矿业公司之间的多家中游公司，同时也可以使特斯拉供应链更加透明和可追溯，获得更好的环境和社会数据。2021 年，特斯拉直接从 9 家采矿和化学品公司采购了 95% 以上的氢氧化锂、50% 以上的钴和 30% 以上的镍，用于生产含镍电池，如镍钴铝和镍钴锰电池。并与 9 家原材料供应商签署了包含环境和社会要求具有约束力的合同，以确保供应商遵守国际和当地的环境保护准则，不发生重大环境风险事件。随着特斯拉电池供应链规模的不断扩大，特斯拉预计直接采购的原材料比例仍将不断增加。

2. 立足当地

在与供应商直接接触的基础上，特斯拉寻找机会与当地专家、社区组织和民间团体接触，从而为持续改善受特斯拉供应链运营影响的社区条件作出贡献。

（三）供应链审计

审计是特斯拉收集有关钴、镍和锂供应链环境和社会数据的重要工具。2021 年，特斯拉供应链中 83% 的精炼厂和矿场承诺接受按照负责任采矿保证倡议（IRMA）、负责任矿产倡议（RMI）、负责任矿产保证程序（RMAP）、迈向可持续采矿（TSM）和国际采矿与金属理事会（ICMM）

预期绩效等可持续性和负责任采矿标准进行独立的外部可持续性审计。此外，特斯拉还针对自身特定的环境和社会要求，对电池供应链进行审计，收集并审查供应链环境和社会数据以识别风险，包括经合组织指南和环境管理体系。最后，特斯拉还会审查供应商的 ISO14001（环境管理）和 OHSAS 18001（职业健康与安全）认证状态，确保供应商尊重人权与环保合规。

（四）供应链碳足迹分析

特斯拉委托生命周期分析服务提供商 Minviro 对当前采购钴、镍和锂的 8 条特定加工线路进行碳足迹分析，识别出潜在碳排放较多的流程。分析表明，温室气体排放的主要驱动因素取决于不同的电池成分、加工路线和原产国家 / 地区。根据碳足迹分析结果，特斯拉温室气体产生主要来源于阴极和阳极供应链。在阴极供应链中，温室气体排放热点是镍和锂。在钴、镍和锂供应链中，化学加工（精炼 / 冶炼）是比采矿更重要的驱动因素。

特斯拉开展了区块链可追溯性试点项目，对从镍供应商 BHP 收集的数据进行分析，该项目对电池原材料镍进行了从澳大利亚矿场到特斯拉生产线的全生命周期跟踪，并收集了每一步的温室气体排放数据。该试点项目表明，采矿和上游加工的二氧化碳当量排放强度高于前驱体、阴极和电芯生产。

在此试点项目的基础上，特斯拉开发了一套数据收集方法，该方法以《温室气体核算体系》为基础，并以欧洲产品环境足迹方法和产品环境足迹类别规则（PEFCR）电池指南（欧盟制定的一套计算产品特定环境足迹的规则）为依据，以期从供应商处收集尽可能多的原始数据，尽可能少地依靠第三方的估算或汇总数据，从而更好地了解供应链温室气体排放情况，制定和监督实施更好的减排计划。

五、展望未来

　　未来，特斯拉将继续致力于推动经济社会发展绿色化、低碳化，促进形成绿色低碳的生产方式和生活方式。不断提高电池技术和充电设施，以便更多用户能够接受电动汽车，促进交通行业"油改电"，逐步减少碳排放；深入发展太阳能和储能技术，依托已经推出的太阳能屋顶 Solar Roof、大规模能源存储系统 Megapack、家用电池 Powerwall，为更多的家庭和企业提供能够使用的可再生能源，降低传统能源消耗；继续推动搭建可持续能源供应链，努力降低单车全生命周期碳排放，推动中国汽车产业高质量发展。特斯拉将持续致力于推动全球绿色低碳发展，通过技术创新和可持续发展实践，为人类创造更加美好的未来。

【企业简介】

　　特斯拉（Tesla）于 2003 年在美国硅谷创立，秉持"加速世界向可持续能源的转变"的使命，为世界提供从清洁能源生产、能源存储到交通运输等完整的可持续能源产品和服务，包括 Model S、Model X、Model3、Model Y 等智能电动轿跑以及由 Powerwall、Megapack 和 Solar Roof 等产品组成的能源解决方案。特斯拉相信，让世界越早摆脱对化石能源的依赖，向零排放迈进，人类的前景就会更美好。

　　2013 年，特斯拉正式进入中国。2019 年 1 月，上海超级工厂破土动工；2019 年 12 月，特斯拉中国制造 Model 3 正式开启交付。在多方努力下，特斯拉上海超级工厂实现了当年开工、当年投产、当年交付，让全世界见证了"上海速度"和"特斯拉速度"。2022年8月，第100万辆中国制造特斯拉驶下生产线。上海超级工厂是特斯拉首个在美国以外的工厂，对特斯拉深耕中国和全球市场有着极为重要的战略意义。同时，作为特斯拉全球重要的出口中心，上海超级工厂依托中国完善的供应链体系和一流的"中国智造"能力，生产出全球领先的高品质智能电动车 Model 3 及 Model Y，销往欧洲、亚太多个国家和地区。

特斯拉中国，从最初进口销售电动车到上海超级工厂实现本地化生产制造，再到"中国智造"特斯拉车辆出口欧亚多地，特斯拉始终坚持加大产品、服务、充电等方面的研发及投入，助力碳达峰碳中和目标早日实现。

万物新生

"科技＋环保"
助力循环经济发展

作为"互联网＋环保"类型的循环经济企业，万物新生坚持绿色低碳循环经济发展模式，持续以技术创新驱动发展，通过构建3C产品、再生资源以及多品类回收场景，并采用碳减排方法学，将回收行为的减碳效益进行量化，充分发挥循环经济的减碳降废作用，构建了碳普惠应用及管理体系，有效减少消费领域的碳排放和环境污染，并充分开拓消费者参与循环经济的场景，激发碳普惠参与者的积极性、荣誉感和回报度，共享碳减排经济成果，提升社会效益，推动碳中和目标实现。

在碳达峰碳中和的发展目标下，为落实国家循环经济的政策导向，上海万物新生环保科技集团有限公司（以下简称"万物新生"）发挥二手消费电子产业典范，积极推动第二空间的绿色可持续化发展，强化企业碳排放行动和管理，助力循环经济发展。万物新生通过二手电子产品回收领域"CTB+BTB+BTC"全产业链的完整闭环，将ESG与企业内在的商业模式、管理体系融合，立足自身业务和发展，不断加强与利益相关方的沟通，增强万物新生在经济、社会和环境方面的影响，积极探索可持续发展的道路。

一、万物新生的低碳基因

为积极响应国家碳中和、碳普惠等低碳减碳政策号召，万物新生扎根循环经济赛道，以3C电子产品类（如手机、电脑等）、家庭日用品类（如鞋服、奢侈品等）、再生资源品类（如废纸、废塑料等）为主要关注品类，以"二手回收""以旧换新"等业务形态打造贴合老百姓日常生活的多品类二手循环经济场景，充分发挥循环经济的减碳降废作用，构建了碳普惠应用及管理体系，激发碳普惠参与者的积极性、荣誉感和回报度。

（一）万物新生的绿色低碳业务体系

万物新生下辖两大业务体系，分别为二手产品交易与服务体系和城市绿色产业链业务体系。二手产品交易与服务体系涵盖"爱回收、拍机堂、拍拍、AHS Device"等品牌，通过"回收、质检、翻新、销售"等环节延长二手产品的生命周期，减少消费领域的碳排放和环境污染。同时，万物新生采用CTBTC的业务模式，聚焦供应链能力打造，专注于提升二手行业的规范化和规模化水平，促进行业的可持续发展。

城市绿色产业链业务"爱回收·爱分类"，为政府提供绿色城市大数据解决方案，是目前国内领先的规模化运营、全流程可控、商业闭环的模式。通过"互联网＋回收"模式，为居民提供一站式可回收物"分类、交投、积分兑换"服务；以科技创新驱动高效运营，实现"点－站－场"全链条数据化、智能化、标准化管理，让回收更简单，促进源头减量。"爱回收·爱分类"同步整合循环再生产业链资源，将可回收物进行再加工与再设计，开发出如服装、日化品、家具、办公设施等环保再生产品，提升资源利用率。

（二）万物新生的 ESG 治理体系

万物新生将 ESG 发展理念纳入公司的治理体系，设立了三级的 ESG 管理架构，由董事会统筹、审批、监督公司整体的 ESG 相关工作，明确各层级 ESG 管理过程中的职责，不断提高 ESG 管理工作的系统性、科学性和实效性。

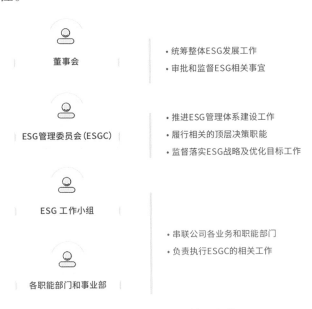

董事会
• 统筹整体ESG发展工作
• 审批和监督ESG相关事宜

ESG管理委员会（ESGC）
• 推进ESG管理体系建设工作
• 履行相关的顶层决策职能
• 监督落实ESG战略及优化目标工作

ESG 工作小组

各职能部门和事业部
• 串联公司各业务和职能部门
• 负责执行ESGC的相关工作

图 1　万物新生 ESG 管理架构

万物新生制定了《集团 ESG 管理委员会（ESGC）运作机制》，明确 ESGC 的工作将主要侧重以下 ESG 管理领域：一是环境管理领域，包括气候变化管理（碳减排）、循环利用；二是社会责任管理领域，包括行业引领、产品治理、员工发展、社会公益；三是企业治理管理领域，包括顶层治理、信息安全和隐私保护。同时，万物新生设立激励机制，规定 ESGC 成员享有年度津贴，津贴将根据成员的例会出席情况、工作完成性和积极性等维度差额评定。

图 2　万物新生 ESG 管理领域

其中，针对环境管理领域，万物新生持续开展碳排放源的识别以及集团范围 1、范围 2 和范围 3 的温室气体排放盘查，厘清业务运营的碳排放现状，为明确未来减排空间和制定减排路径奠定基础。同时，通过绿色技术改造升级，加强自动化运营体系建设，降低高能耗节点，提升运营中心能源效率。此外，万物新生倡导绿色办公，在日常运营中积极使用循环再生材料和采纳绿色低碳资源，降低企业自身经营过程的碳排放；优先选择低碳出行方式，减少通勤、差旅过程的碳排放，提高员工低碳意识。通过积极优化物流运输路线，加强与更具有减排雄心的供应商合作，共同构建更高效、环保的绿色供应链。

自 2021 年起，万物新生持续发布年度 ESG 报告，展现出万物新生在二手消费市场不断践行 ESG 理念的决心。《万物新生 2021 年环境、社会、管制报告》披露的数据显示，万物新生范围 2 温室气体单位碳排放强度从 2020 年 0.52 吨二氧化碳当量 / 百万元人民币下降到 2021 年 0.37

吨二氧化碳当量/百万元人民币。范围3温室气体数据从2020年披露的3项拓展到2021年的8项，包括资本货物、上游运输配送、废弃物管理、商务差旅、员工通勤、下游运输配送、售出产品末端处置排放、特许经营，2021年范围3温室气体28,463.12吨二氧化碳当量。

二、万物新生碳普惠应用体系

万物新生的碳普惠应用体系，旨在以循环经济产业作为基础和桥梁，连接起低碳减排这个社会主题。万物新生通过构建3C产品、再生资源以及多品类回收场景，结合碳减排方法学核算逻辑，将回收行为的减碳效益进行量化，再通过公益消纳、权益消纳或收益消纳等方式给予消费者额外精神或物质回报，共享碳减排经济成果，提升社会效益，为城市碳中和目标作出卓越贡献。

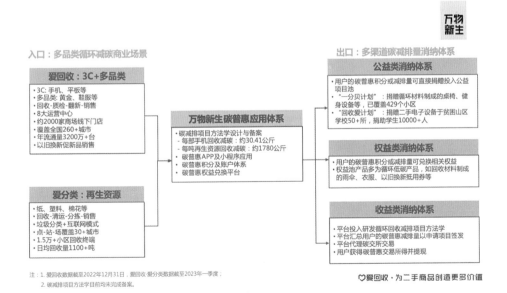

图3 万物新生碳普惠应用体系

万物新生对未来的绿色愿景在于，无论是上门回收的旧手机，小区门口回收的再生资源，或是商场门口回收的旧衣物，都可以核算并累积个人碳减排贡献绩效，用户最终都可以通过公益消纳、权益消纳或收益消纳等方式获得额外精神或物质回报，共享碳减排经济成果，提升社会效益，为城市碳中和目标的实现作出卓越贡献。

（一）基于 3C 产品、再生资源以及多品类回收的碳普惠应用体系

万物新生在线下各个城市地区布局回收门店、自助回收机，在线上优化回收 App、小程序、官网，通过搭建不同的回收渠道，多方位、全品类地赋予二手商品及再生资源二次生命，延长其生命周期，通过循环再利用变相代替新品生产环节的碳排放。

1. 3C 产品回收

万物新生采取多种回收交付方式，包括门店回收、上门回收、快递回收、自助回收机回收等，与多方合作促成健全的回收体系。截至 2022 年末，万物新生的线下门店已覆盖全国 260 余座城市，门店总数近 2000 家。通过开设线下门店触达人心，助力环保回收消费者教育同时获得用户认可。

2. 再生资源回收

城市绿色产业链业务体系"爱回收·爱分类"，创新性地打造了"收+运+处理"的回收链条全闭环。作为"互联网+垃圾分类"的创新模式，"爱回收·爱分类"坚持市场化运作原则，截至 2023 年一季度，万物新生已在全国 38 座城市开展运营，铺设超过 1.5 万台智能回收机，提供数字化智能化的可回收物回收服务，日均回收量达 1100 吨，不仅引导居民主动垃圾分类，更有效实现了垃圾减量化和资源化。

3. 多品类回收

在核心的手机3C回收业务之外，2022年一季度开始，万物新生在一、二线城市对门店进行了结构优化和分级，复用门店的服务经验和交付能力，持续探索多品类（摄影器材、箱包、腕表、黄金、名酒、鞋服）回收业务，更好地满足用户多样化的回收需求，延长更多品类的二手商品生命周期。

这种循环经济的回收商业模式能够有效满足年轻人高频换新的消费习惯，减轻了年轻人消费时的经济压力，同时也能够通过把闲置二手商品以及再生资源投入到再循环再制造从而降低了资源开采和新品生产环节的碳排放，阻隔了随意处置闲置商品以及再生资源可能带来的浪费和污染。

（二）碳减排绩效方法学

为了能够量化回收行为的碳减排效益，万物新生于2021年开始对二手手机以及再生资源进行生命周期分析，构建二手手机以及再生资源循环复用温室气体减排绩效方法学。

1. 二手手机减排绩效方法学

通过分析一台手机的流转路径，识别出手机从摇篮到坟墓阶段的各个环节，将手机的生命周期划分为第一生命周期，即原料开采获取、零部件加工装配、生产制造、手机一次销售以及第二生命周期，即二手手机回收、质检、包装、二次销售至消费群体客户。

通过核算每个流转环节的碳排放，对二手手机的碳足迹进行盘查，以此构建万物新生二手手机减排模型，即：

万物新生二手手机碳减排量 = 全新机摇篮到大门碳足迹 – 二手手机碳足迹

手机第一生命周期

手机第二生命周期

图 4　万物新生二手手机生命周期

根据模型计算求得年万物新生全平台每成交一台二手手机平均贡献 30.41 千克碳减排量，相当于减少了一台同款新机从摇篮到大门阶段 72.59% 的碳排放。

万物新生二手手机减排逻辑图

图 5　万物新生二手手机减排逻辑图

2. 再生资源减排绩效方法学

万物新生还针对回收再生资源的行为进行碳减排绩效核算。基于万物新生的"点－站－场"低价值城市生活废弃物回收体系以及居民及商业两种业务模式：一方面，居民投递的可回收物，经过中转站暂存，被送到末端分拣工厂；另一方面，商户分类交投的可回收物，经过项目业主组织的专业运输，被送到末端分拣工厂。可回收物在分拣厂被精细分拣为 80 个以上的品类，各品类可回收物最终被送到有资质的再生资源利用企业，实现资源循环利用。万物新生研究不同再生资源品类如纸类、旧衣、塑料在以上各运营环节的碳排放足迹，进而计算得出每吨再生资源碳减排量约 1.78 吨。

（三）多渠道减排绩效消纳体系

对于量化的减排绩效，万物新生希望通过公益消纳、权益消纳、收益消纳等方式反哺消费者，提升消费者的参与度、荣誉感和回报度，从而为城市实现碳中和作出贡献。

1. 公益消纳方式

万物新生通过开展"一分贝计划"和"回收爱计划"公益项目，将用户回收行为产生的经济价值直接用于环保、社会公益项目，同时赋予该回收行为额外的社会价值。

（1）"一分贝计划"

"爱回收·爱分类"在社区回收场景中开展"一分贝计划"，引导居民通过智能回收机选择将可回收物的价值贡献到计划中，"爱回收·爱分类"将可回收物再生成循环制品、环保设施，让可回收物的价值在用户"家门口"被看到。进一步巩固、提升人们对"垃圾分类就是新时尚"的理解和认同，看到垃圾分类的"闭环"，感受到环保的价值，同时联合街道/社区一起助力，为环保发声，鼓励更多居民参与到垃圾分类中来。秉承着"取之于民，用之于民，低值回收，高值利用"的回收理念，"一分贝计划"得到了众多机构和媒体的关注与报道。

2022年，"爱回收·爱分类"在杨浦辖区内的杨家浜小区、现代星洲城、国定路600弄、国定路700弄等小区开展环保活动。居民在"爱分类·爱回收"智能回收机投递可回收物，结算时多了一个选项：除了积分到自己的账户，还可以选择捐赠至小区公共账户，用于在小区里添置环保公共设施——由废旧衣物和塑料混合再生的纤塑板制作的休闲长椅。活动受到社区居民的热烈欢迎，并收到了很多积极反馈。许多居民主动"放弃"个人积分，并认为休闲长椅不仅具有实用价值，参与"变废为宝"的活动也对社区孩子很有教育意义。

材料：金属+塑料+废旧衣物

图6　由废旧衣物和塑料混合再生的纤塑板制作的休闲长椅

万物新生将这种可持续共建模式复制推广到全国更多城市和社区，汇聚点滴力量，共建美丽家园。截至2023年一季度，该计划已覆盖15

座城市，429 个小区，回收再生资源 110 吨，累计减碳 196 吨，落地具体环保及社会公益项目 429 个。

（2）"回收爱计划"

万物新生开展"回收爱计划"，向山村儿童捐助闲置电子产品。通过延长二手电子产品的生命周期，减少全新电子产品生产制造环节对新资源的使用和浪费，赋予了其环境价值，同时也最大化其社会价值，用科技的力量帮助山村儿童，助力山村儿童开拓视野，与城市儿童站在同一起跑线上。截至 2022 年末，万物新生已支持学校超 50 所，授课课时约 2000 小时，上课学生数超过 1 万人。

2021 年 7 月，万物新生集团携手中国扶贫基金会、"一扇窗计划"，设立"回收爱·美好学校河南数码助学基金"，为受灾的河南中小学购置全新的电子教学设备，开展师资信息化能力建设，助力学校秋季新学期顺利开学，为孩子们的教育尽一份力。2021 年，万物新生携全体员工向中国扶贫基金会捐赠 505 万元用于河南水灾校园灾后重建工作，发起"回收爱·美好学校河南数码助学智慧校园项目"，为浚县、淇县 31 所学校购置超 100 套智慧黑板，为 30 多所学校提供 iPad、办公电脑、打印机、路由器、智慧主屏，惠及师生近 7000 人。同时，万物新生启动学校损毁电子设备回收行动，对损毁的电子设备进行环保拆解处理。

2. 权益消纳方式

将用户回收行为产生的减排量对应到权益积分，通过优惠券、价值抵扣、礼品兑换等方式来认可和鼓励消费者更多地使用或参与循环经济消费模式。权益可兑换的产品或服务均为绿色低碳内容，包括再生资源制成的衣服、雨伞等。

3. 收益消纳方式

万物新生力争将减排方法学进行注册备案，通过申报全国核证自愿减排量（CCER）项目或地方性碳普惠项目，将减排效益量化及可交易化，在碳资产交易市场进行交易变现，获得的经济收益与用户共同分配，共享碳减排的经济价值。

三、技术创新：自动化运营中心

万物新生深耕技术研发，致力于以科技创新驱动全产业链，打造自动化质检和数字化运营的核心技术壁垒。截至 2022 年年底，万物新生已建立起高效、协同的自动化处置网络体系，包含 8 大区域运营中心，分别位于东莞、常州、武汉、成都、天津、西安、沈阳和中国香港，为消费者和商家提供更便捷、高品质、快时效的二手电子产品交易体验，同时推动行业向智能化、规模化、低碳化运营升级。

图 7　万物新生东莞自动化运营中心智能立库

2022 年 11 月 9 日，万物新生东莞自动化运营中心正式开仓运营。

万物新生东莞自动化运营中心由自动质检体系、自动输送分拣体系、自动仓储体系三大模块组成，采用全流程数字化管理系统进行中央控制，承担输送、分拣、质检、仓储、发货等职能。投入使用后，东莞自动化运营中心单日处理量最高可达3.6万台，为消费者和商家提供更加便捷、高效的二手电子产品交易体验。

万物新生东莞自动化运营中心在前期设计施工阶段就引入绿色低碳理念，并贯穿整个运营环节。例如，通过控制运营设备的能耗与改进运营流程，达到节约能源、降低运营碳排放的目的。在运营阶段，用电子标签取代原有纸质标签，减少耗材浪费。此外，在收到下游订单后，由智能拣选机器人拣选出相应货品打包出库。承放产品的托盘依托于配合螺旋提升机打造的全自动空盘回流体系，可实现自动回流，在提高效率的同时，减少PVC塑料产品采买和损耗，进一步实现低碳运营。

（一）自动质检体系

货品进入运营中心后，每台产品都会拥有唯一的数字化身份识别标签，这个标签如同"身份证"，方便自动化运营体系对货品进行全链路追踪与流程管理。在领取到"身份证"之后，货品经输送线流入新一代二手3C全自动质检流水线Matrix3.0。Matrix3.0由X-Ray拆修质检模组、007功能质检模组、拍照盒子外观质检模组、拍照魔镜屏幕质检模组、拍照魔方销售图片拍摄模组五大模块组成。

X-Ray拆修质检模组可在不拆机的情况下通过X光扫描识别手机内部是否有过拆修、换件。高精度图像算法，可在1到2秒内发现手机内部细小问题。007功能质检模组能够在2分钟内检验出手机的麦克风、听筒、摄像头等硬件功能是否正常。拍照盒子外观质检模组可自动完成对手机外观（边框、背板、屏幕等区域）的全方位检测。全新一代的拍照盒子外观质检模组具备流水线式并发处理能力，仅需 20 秒即可检测出一台手机 30 余种不同类型的外观问题，准确率达 99% 以上。拍照魔镜屏幕质检模组具备像素级屏幕检测能力，可高精度识别屏幕老化、坏点和其他瑕疵。拍照魔方销售图片拍摄模组可自动拍摄多张高清细节图片，让购买产品的用户对产品外观有更直观的了解。相比上一代，成本降低一半，效率提升 50%。

图 8　电子标签

Matrix3.0 将自动质检能力、精密定位能力与机器人辅助能力再度升级结合，将不同质检设备通过硬件和信息网络进行连接，形成具备数字化协作与管理能力的智能设备整合系统，实现各项功能全流程自动化质检以及多角度商品图片拍摄。相比 Matrix2.0，Matrix3.0 质检精准度提升10%，质检效率提升 50%。

（二）自动输送分拣体系

货品完成自动检测后，通过数字化管理系统，对货品进行精准自动分级。货品将按照不同等级，精准流入对应流水线体，进入仓储环节。

针对东莞自动化运营中心多层结构设立的螺旋提升输送线，可实现货品跨区域的高速无损输送。

图 9　空托盘回流

对于点对点的接驳和突发任务，也作为自动化输送系统的有效补充，东莞自动化运营中心配备了具有深度学习能力的 AGV 无人运输车。配合数字化管理系统，可实现货品自动搬运和自动装卸。AGV 无人运输车的应用，使东莞自动化运营中心输送体系的整体效率提升超过 15%，人力投入减少 20%。

（三）自动仓储体系

数字化管理系统将货品自动分配到智能立库。全新的智能立库采用 AR/RS（自动存取）系统，实现更高效的出入库管理。经过优化后的第二代智能立库，在同等体积下，存储数量相比一代机械立库提升 100%。在收到下游订单后，由智能拣选机器人拣选出相应货品进行打包出库。第二代智能拣选机器人采用夹爪式拣取结构，有着更高的兼容性，可实现更精准高效的无损抓取。

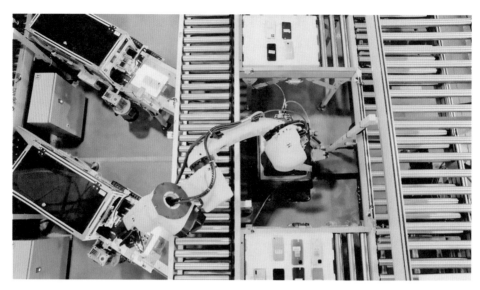

图 10　智能拣选机器人机械臂

四、总结与展望

万物新生在循环经济领域探索与实践多年，已整理形成上百套企业标准，并计划推动部分核心标准发展成为行业标准或地方标准，从而为整个行业的良性发展和横向打通奠定基础，为循环经济领域的碳普惠工作打下扎实的标准化基础。在相关部委专家的指导下，万物新生也在积极推动循环经济碳减排量核算方法学在全国范围内落地。碳减排量核算方法学的价值在于鼓励消费者积极参与绿色低碳消费模式，给予消费者参与荣誉感和责任感，反哺消费者相关经济利益以及打通多品牌多品类绿色低碳消费的碳减排贡献核算标准，最终为碳中和目标实现作出卓越贡献。

未来，万物新生将在已有业务基础上，进一步拓展业务边界和规模，引领 3C 品类回收业务的国内发展趋势，开拓生活类再生资源回收业务的服务区域和渗透深度，将更多品类纳入到循环再利用的商业场景中；进一步投入和开展循环经济领域内的科技创新，以引领行业绿色转型和数字化转型，提升相关业务的单位碳普惠贡献率；不断激励消费者更多地参与回收行为，创造更多的碳减排效益，以商业激励和碳减排量交易相结合的方式，创新生态产品价值实现路径，推动形成绿色生活新时尚。

【企业简介】

万物新生成立于2011年，定位为"互联网＋环保"类型的循环经济企业。2021年6月18日，万物新生在纽约证券交易所挂牌上市，股票代码RERE。万物新生旗下四大业务线包含：爱回收、拍机堂、拍拍、海外业务AHS Device。万物新生集团秉承"让闲置不用，都物尽其用"的使命，致力于打造ESG样本企业，将社会责任融入到商业实践中。

2022年，万物新生总营收已接近百亿元，全平台二手商品交易量已超3200万单。在核心的二手3C回收业务以及城市绿色产业链业务之外，万物新生从2022年开始推进"多品类"战略，在部分门店内增设影像器材、箱包、腕表、黄金、名酒、鞋服等品类的回收，更好地满足用户多样化的回收需求，充分开拓了用户参与循环经济的场景。2022年9月，万物新生在国际权威ESG评级机构晨星Sustainalytics的ESG评级中获评"低风险"评级，位列"在线和直销零售"板块第四名。

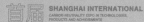

▼

构建低碳数字能源体系
共创绿色智能世界

作为全球领先的绿色科技企业，远景始终致力于为全球用户提供碳中和全生命周期解决方案。远景立足国际科技前沿，充分发挥在碳达峰碳中和领域的研发优势，不断打造新能源、通信和数智科技核心能力。通过深耕风电光伏储能技术，加快推进智能风电、光伏、绿氢和储能新能源技术的生产和应用，发展零碳产业园，远景在助力推动国家城市企业零碳数智化升级的道路上不断前进，为构建清洁低碳、安全高效的新能源体系，共创绿色智能世界贡献力量。

远景科技集团（以下简称"远景"或"集团"）一直以"为人类的可持续未来解决挑战"为使命，致力于推动全球绿色能源转型。远景以绿色化为指引，用数字化赋能低碳制造，正在风、储、氢等领域为全球合作伙伴提供低碳技术的解决方案。

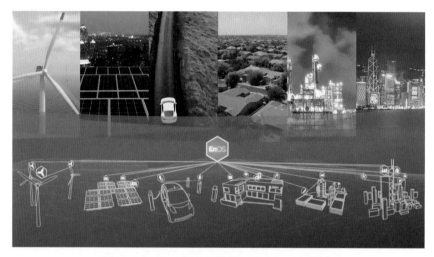

图1 远景风光储氢领域综合解决方案示意图

一、碳中和目标

远景积极承诺实现自身的可持续发展，成为应对气候变化的先行者。2021年，远景加入由科学碳目标倡议组织（SBTi）、联合国全球契约（UNGC）和全球商业气候联盟（We Mean Business Coalition）联合发起的"Business Ambition for 1.5℃"行动，响应号召制定科学碳目标，旨在将全球温度升幅控制在1.5℃以内。2022年，远景向SBTi提交了2030的短期科学碳目标和2040的长期净零目标。远景的2022和2028自愿碳中和目标是在实现中长期科学碳目标前提下的额外努力，通过资助高质量、经认证的碳减排和碳消除项目，实现价值链外减缓，为实现全球

1.5℃温控目标作出更大的贡献。

2022：实现全球业务运营碳中和（范围 1 和范围 2）

2025：自身运营实现 100% 可再生电力使用

2028：实现全价值链碳中和（范围 1、范围 2 和范围 3）

2040：实现净零排放 （SBTi 标准）

二、零碳之路

2022 年，远景成功实现全球业务运营碳中和目标，成为全球最早实现碳中和绿色科技企业之一。远景秉持以绿色能源和数字化科技推动零碳转型的理念，基于方舟碳管理系统，落实全集团核算（Measurement）、减排（Abatement）、抵消（Offset）、认证（Certification）的全流程、端到端的碳管理。

（一）核算

远景遵循《温室气体核算体系》（GHG Protocol）和 ISO14064，致力于获取可追溯、可认证的能耗数据和碳排数据，作为集团制定减排目标、追踪减排绩效、投资管理决策和公开披露的基础。目前方舟碳管理系统已经接入远景全球 60 多个运营的工厂、研发中心和办公室，收集基于物联网（IoT）的实时数据和部分人工填报数据，建立起全集团的数据收集网络。

依托方舟碳管理系统形成的集团能碳数据监测体系，有效提升了每个场站能源精益管理的能力、数据收集的效率和数据的准确度。

2022 年，远景的直接排放（下称"范围 1"）和采购的电力与热力（蒸汽）相关的间接排放（下称" 范围 2 "）为 46,145 吨二氧化碳当量。其中外购蒸汽与热力排放占范围 1 和 2 总排放的 85%，其次为天然气使用

图 2　方舟碳管理系统

带来的排放，约为 10%。

其中远景动力的运营碳排放约占集团总量 89%，远景能源约占 10%，远景智能排放占比较小。

（二）减排

实现 1.5℃温控路径下的科学碳目标，需要持续挖掘减排的潜力，探索成本效益方式进行减排，并需要对减排举措的效果进行准确计量和持续追踪。

远景汇集各个工厂减排项目的评估作为新项目开展的决策依据。对于已经开展的减排项目，方舟可以设置合理的减排基准，并按月度跟踪各个项目的实际减排进展。

远景持续通过以下方式进行减排：

1. 能效提升

2022 年远景在全球的主机厂、叶片厂和电池厂通过节能减排项目避免排放约 1.6 万吨，约占全年碳排放基准的 6%。2022 年远景新开展超过 20 项节能减排项目，预计在运行期内实现每年避免 1.5 万吨碳排放。

为了让三大洲 6 座在运工厂加速绿色转型，远景动力的安全健康环保团队和设施效率团队在各地深耕细作，通过软硬件措施降碳增效：通过不断优化制冷和制热系统、提升冷凝水回收利用、优化环境控制、持续改善用能习惯等提升综合能效。

远景动力与远景智能共同打造了中国江阴和鄂尔多斯电池工厂的能源管理和环境监测系统。基于 EnOS™ 智能物联操作系统和智能表计，对电、蒸汽、水、压缩空气使用的实时监测和异常情况预警，实现了能源使用的可视化、精准分析和动态管理。通过持续控制策略和不断优化用能习惯，每年每座工厂能耗可降低 1.5%–5%。

图 3　远景智能化风机

远景能源不断通过轻量化设计及模块化生产，从源头减少资源使用和碳排放。主机制造工厂通过优化车间布局，由原有的定点式生产

（CELL）布局调整为脉动式生产线，单台风机主机生产涉及的行车使用减少 4.25 小时，节能约 1535 kwh。此外，远景能源采用定制化的能效更高的主轴承加热设备，单台主机加热时间减少 1.5 小时，单台主机节能约 78kwh。2022 年远景能源还实现了 100% 厂内车辆（包括行车、AGV 运输车、叉车、员工班车）电动化。

实现 100% 可再生电力的使用，是远景的目标，也是作为一家绿色科技企业推动全球绿色低碳转型的愿景。

2. 可再生能源自发自用

对于具备可再生能源电站建设条件的工厂和办公室，远景充分利用风电、光伏和储能的解决方案实现绿电的自发自用。可再生能源自发自用在具备减排额外性的同时，也帮助远景实现了能源使用的降本。截至 2022 年底，远景在自己的厂区内已有 35MW 风机和 4MW 光伏投入使用，涉及远景超过 7 个工厂。2023 年远景还在全球规划了超过 49MW 的可再生能源项目，力求不断提升工厂可再生能源的自发自用比例。远景中国鄂尔多斯电池工厂已经开始使用 5 台 6MW 风机提供的绿电，光伏一期项目也将于 2023 年并网。通过智能物联网源荷互动控制系统，工厂将向超过 80% 能源由本地风电光伏直供的目标迈进。

3. 场外可再生能源

对于不具备在现场建设可再生能源电站的工厂和办公室，远景持续探索使用多种方式获取可再生电力，包括场外绿电项目投资、绿电交易和绿证交易。2022 年，远景的场外可再生能源中约有 60% 的绿电来自于自行投资开发的可再生能源项目，10% 来自于绿电交易市场，30% 来自于绿色电力证书的获取。

2022 年，远景碳排放基准约为 25.5 万吨的情况下，通过能效提升、使用现场和场外可再生电力等方式减少约 20.9 万吨碳排放，取得了显著的减排成效。尽管业务快速发展使远景的能源消耗量相比于 2021 年增长了 1 倍，但范围 1 和范围 2 的总排放量下降约 42%。

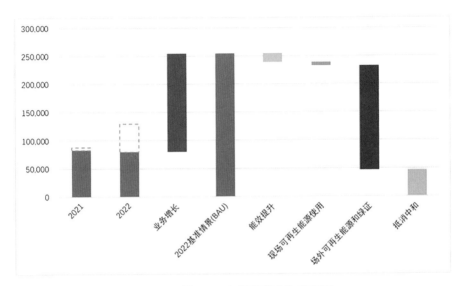

图 4　远景 2022 年运营碳中和路径图

（三）抵消

远景在遵守《巴黎协定》框架下 1.5℃温控目标的排放路径的前提下，额外承诺使用"超越价值链减缓"（Beyond Value Chain Mitigation）的方式，投资能够减少、避免和移除温室气体的项目，实现运营碳中和以及 2028 年的全价值链碳中和。

在尽可能提升能源使用效率、可再生能源使用比例后，2022 年仍然有 46,145 吨排放暂时无法通过短期举措进行减排，远景通过资助 VCS 标准下碳避免和碳消除项目的方式实现碳中和。2022 年远景资助的项目包括在甘肃的风电碳避免项目（ID 728）和附带气候、社区和生物多样性认证（CCB）的贵州造林碳消除项目（ID 2082）。

对于远景而言，实现碳中和不仅仅在内部建立起了"碳定价"的理念，将碳排放所带来的额外成本计入每一项重要的投资决策中，同时额外资助了价值链外具有潜力的减排项目，促进全社会的低碳转型。未来，远景将进一步提升碳消除项目所占比例，为降低全球温室气体浓度，实现1.5℃温控目标作出更大贡献。

通过方舟碳管理系统进行碳信用额度的采购、核销和分配。每吨碳信用都会被记录并分配到场站实体，由此避免出现重复声明和重复计算的情况。

（四）认证

远景2022年全球运营碳中和获得了权威第三方机构基于PAS2060的认证。其中，远景能源、远景动力及远景车队获得了碳信托（Carbon Trust）的认证，远景智能获得了必维集团（Bureau Veritas）的认证。

图5　远景碳中和认证相关证书

整个认证过程中，所有数据和支持性文件直接从方舟碳管理系统导出，支持核查机构进行快速数据验证，大大缩短核查和发证的周期，相比传统的碳盘查和碳核查方式，有效节约了超过60%的时间。

值得一提的是，远景作为CDP认可的金牌解决方案提供商（Gold

Accredited Solution Provider）正在参与 CDP API 试点项目，自动将碳排放数据从方舟碳管理系统传输到 CDP 的在线填报平台，未来为远景方舟碳管理系统客户提供改进和简化的披露体验，减少手动数据输入，满足 CDP 申报需要。

此外，远景能源中国江阴二期工厂和传动链工厂、远景动力中国江阴 CPEC 工厂获得了中国首个五星级零碳工厂双认证并成为中国节能协会零碳工厂评价和披露平台首批上榜的工厂。此次获评零碳工厂，得益于远景在可持续能源侧的高比例应用、通过数字化能碳管理平台对各环节端到端的监测及管理、各环节能效提升举措推进、产品碳足迹测算及减排等。

中国质量认证中心、钛和认证对相关工厂的基础设施、能源和碳排放智能信息化管理系统、可再生能源使用、产品碳足迹和低碳研发、废弃物管理和减排增效措施进行了综合评估，认证其完成了对直接温室气体排放和外购能源带来间接温室气体的 100% 抵消，达到了五星级零碳工厂要求。

三、零碳园区

近年来，远景积极推动中国低碳经济和绿色发展，在零碳园区建设方面积极布局，在园区规划、建设、管理、运营全方位系统性融入碳中和理念，推动园区低碳化发展，资源循环化利用，带动企业和社会践行低碳发展理念，助力碳达峰碳中和目标实现。

基于远景鄂尔多斯零碳产业园的实践探索，远景从零碳产业园的建设、管理、运营角度出发，牵头制定了《零碳产业园区建设规范》《零碳产业园计量评价规范》《绿色电力应用评价方法》三项零碳园区标准，为零碳／低碳产业园的建设在全国、全球的有效复制提供标准依据。

《零碳产业园区建设规范》为零碳产业园区的建设和改造提供了顶层设计，对园区零碳路径提供了低碳／零碳能源系统、交通物流系统、建筑系统、基础设施系统、生产系统、生态系统六大系统的标准要求。《零碳产业园计量评价规范》与《绿色电力应用评价方法》两项标准为解决直接、间接碳排放以及绿色电力应用过程中的核算评价提供了标准化程序和方法。

三个文件从规划布局、统计核算、减排路径、评估改进、信息披露等方面为零碳产业园的建设提供了前瞻性指导。同时，这三项标准也遵循了现有的ISO14064、PAS2060等国际通用碳中和认证标准，填补了在零碳园区、绿电评价标准领域的空白，为全球零碳园区发展指出方向。

四、供应链管理

（一）供应链管理目标

为按期实现远景设立的2028年实现全价值链碳中和的目标，远景旗下子公司远景能源于2022年正式启动绿色供应链项目，制定了三大供应商可持续发展目标：

1. 重点供应商100%无企业社会责任负面事件，关注企业劳工权利、员工平等、社会服务等方面，推动合作伙伴建立相应社会责任体系。

2. 依托远景方舟碳管理系统，完成重点供应商100%碳盘查，帮助供应商摸清自身碳排放，识别排放热点，提出节能减排方案，并"多快好省"地进行绿证绿电和碳信用的交易。

3. 到2025年，重点供应商为远景供应的产品实现100%绿电生产制造，从源头降低产品碳足迹和供应链碳排放。

（二）供应链监控

远景能源采用方舟碳管理系统摸清供应链碳排放，提升碳排放数据披露及效率，完善可持续机制和能力。供应商需依托远景方舟碳管理系统完整填报月度用电量、月度天然气使用量、月度柴油使用量等企业每月能耗活动数据，上传证明材料，填报每月各种能源分配给远景产品的比例，保证填报数据的完整性。同时，远景能源对供应商开展数据质量考核，核验供应商数据申报质量并公开。对于数据质量不符合要求的，集团 ESG 办公室及采购部门将给予申报指导并督促更正；对于数据质量多次不满足要求的，将予以通报并暂停合作；对于数据质量持续完整申报的，将有资格参选远景年度可持续供应商，继续深化合作。

基于方舟供应链碳管理工具，集团旗下远景动力开展了企业供应链碳管理试点项目，数字化手段助力电池主材供应商进行碳数据的收集、核算、管理，获取供应商特定的碳数据，推动供应商低碳转型。通过选择某供应商的一款供货原料产品，即可调用产品的实际碳排放数据和能耗使用情况进行电池碳足迹测算，并记录在电池的零碳绿码中。

（三）供应商赋能

"授之以鱼不如授之以渔"，远景不仅积极推动重点供应商进行碳披露及碳减排，更赋能供应商一起实现绿色低碳转型。

1. 培训交流

为赋能供应商搭建企业社会责任体系，制定企业绿色低碳发展路径，远景为供应商管理层开展可持续供应链培训项目，培训内容涵盖企业节能减排策略及方案、企业能碳数字化管理、碳交易、碳金融等方面，以在线培训、线下分享的形式提升远景供应链的可持续发展意识及能力。目前已有超过 100 名供应链企业代表参与了远景能源组织的可持续发展培训，分享可持续发展实践经验，提升可持续管理意识，助力实现可持续发展目标。

2. 技术支持

远景为供应商提供了数字化能碳管理工具，超过 150 家重点供应商已通过远景方舟系统进行碳披露和碳管理。同时，远景为供应商提供零碳工厂、智慧楼宇、分布式光伏、绿电、绿证、碳权益等解决方案，促进供应商可持续发展。

3. 激励措施

远景采用多种方式激励供应商践行绿色低碳理念。远景每年召开可持续供应链大会，总结可持续供应链进展，分享优秀经验。根据企业社会责任、绿色能源生产、节能减排改造、绿色产品设计等多重可持续评价指标，对供应商进行综合评选并颁奖。同时，远景每年发布远景碳中和行动报告，旨在引领能源转型，打造行业零碳先锋，为优秀可持续供应商提供展示平台。

五、零碳技术与产品

（一）风机产品

1. 低碳风机

作为全球率先推出智能风机产品的企业，远景于 2019 年推出加载了伽利略超感知系统的智能风机——远景 EN-171/6.5。该款风机具备高效风能捕获、高安全载荷包络和灵活环境适应性等特点，碳足迹表现优异。通过对比分析近年来国际上发布的 40 多个主流风机的碳足迹分布情况，远景EN-171/6.5的碳足迹与其他品牌的风机碳足迹相比显著较低，低碳化设计和制造处于行业领先水平。

图6 远景EN-171/6.5 全生命周期碳排放分布

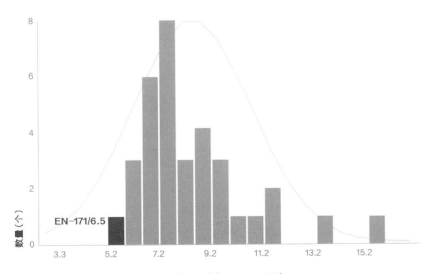

图7 国际典型风机碳足迹分布图（2011-2021）

2. 风机碳足迹管理平台

远景还推出了"远景智能风机全生命周期碳足迹管理平台"。该平台面向远景风机所有机型，覆盖风机"摇篮到坟墓"的全生命周期，即从上游原材料获取到风机退役处置的全生命周期流程，将风机生命周期中各阶段的物质、能量、信息的流动进行数字化收集管理，实现风机一站式信息收集、建模、核算和认证等流程，摸清远景生产的每一款风机碳足迹水平，引领全行业低碳发展。

（二）储能产品

作为电动汽车全生命周期碳排放的重要组成，动力电池的碳排放已经成为交通领域的核心关注点。远景积极响应国家提出的碳达峰碳中和目标，于 2022 年发布了全球首批"零碳电池"——EAHE2201A 型号锂离子动力电池，并获得国际权威认证机构 TüV 南德颁发的"碳中和认证（PAS2060）"，加速了新能源系统全生命周期的碳减排。

（三）绿氢产品

以绿氢为代表的工业气体将成为连接可再生电力和下游高载能产业的中心。远景氢能以远景在可再生能源、电池储能系统、数字化解决方案等领域积累的技术为基础，以水电解槽和空分模块的高精尖设备和系统为抓手，提供包含绿氢在内的 Power-to-X 项目的交钥匙解决方案，还提供包含动态合成氨和高速广功率调控的水电解槽化工过程工艺包，助力高载能产业加快降碳脱碳。

（四）产品生命末期回收

远景能源制定了风机产品生命周期末期管理规则，规范风机产品生命周期末期的材料回收、计算方法及管理要求，在严格遵循当地法律的基础上，提升材料可回收性、减少碳排放，着力打造全生命周期绿色的低碳风机。远景动力选择经过认证矿场的钴和锂作为生产新一代电池的原料，并对其进行循环利用。同时，远景与美国 Redwood Material 公司达成合作，共同打造电池原材料循环利用闭环系统，逐渐提升远景动力在原材上的回收利用率。

六、零碳技术实践案例

凭借领先的零碳技术解决方案，远景已成为众多企业和政府的全球零碳技术伙伴，助力打造零碳场景最佳实践。

（一）风光一体化零碳智慧物流园区

2023 年 3 月，耐克中国物流中心全面转型升级，成为中国首个"风光一体化"零碳智慧物流园。从"近零碳"走向"净零碳"，耐克中国物流中心将加快推动实现耐克集团"2025 年自有和自营设施 100% 使用可再生能源电力"目标，助力耐克在业务发展的同时，不断降低环境影响，真正做到高质量绿色发展。

作为耐克的"零碳技术伙伴"，远景为耐克中国物流中心提供了包括绿色能源发电、数字化能源管理、碳管理在内的整体解决方案，助力耐克打造首个风光一体化零碳智慧物流园。基于远景智能物联操作系统 EnOS，园区可实现实时精细化用能管理、风光充荷多能协同优化及全生命周期碳管理。耐克中国物流中心在实现 100% 可再生能源覆盖的基础上，将未完全消纳的绿电环境权益，通过远景方舟碳管理系统进入电网循环。

图 8　耐克风光一体化零碳智慧物流园

（二）勃林格殷格翰碳中和制药工厂

勃林格殷格翰是全球最大的家族制药企业，始终致力于改善人类和动物健康。勃林格殷格翰承诺，2030 年实现全球运营碳中和。勃林格殷格翰位于中国上海张江的人用药品生产基地是其亚太地区最重要的生产中心。

远景为勃林格殷格翰上海张江工厂提供零碳数字化转型综合解决方案。通过远景方舟碳管理系统准确实时地完成各类碳排放数据采集、碳排放指标分解、场地碳管理、能源追踪、碳信用及绿证采购等多项环节，符合 ISO 14064-1:2018 温室气体排放以及清除量化和报告标准。2022年，勃林格殷格翰张江工厂获得由中国广州碳排放权交易中心和德国莱茵 TÜV 颁发的碳中和认证证书，该工厂成为制药行业首家获国内外权威双认证的碳中和工厂。

　　此外双方还在积极探索包括制药行业绿色转型团体标准及动物健康碳减排计算工具在内的创新合作，为制药行业绿色脱碳探索新思路。

图9　勃林格殷格翰上海张江工厂

　　（三）赋能丰田通商实现绿色低碳转型的"零碳合作伙伴"

　　丰田通商是日本丰田集团旗下领先的全球综合性贸易公司，在全球范围内开展各类投资和贸易等业务，致力于谋求与人类、社会和地球的和谐发展。作为丰田通商（中国）有限公司〔简称"丰田通商（中国）"〕的"零碳技术伙伴"，远景为丰田通商（中国）提供包括可再生能源电力发电、数字化能源管理、碳管理、绿电绿证采购及碳抵消在内的一站式解决方案。基于方舟碳管理系统，远景为丰田通商（中国）搭建精细化、数字化碳管理体系，并借助风光充储氢等绿色能源技术，完成算、管、减、零的端到端闭环管理。同时，丰田通商（中国）作为丰田集团核心企业之一，携手远景共同为其客户提供数字化能源管理和碳管理解决方案，构建智能物联绿色低碳工厂，全面推动实现碳中和目标，兑现环境承诺，实践绿色可持续的运营理念。

图 10　远景赋能丰田通商打造碳中和汽车经销店

（四）携手元气森林推出行业首款"零碳气泡水"

面向 2030，元气森林制定了可持续发展"三友好"战略，加速实现 2025 年自身运营碳中和、价值链上下游低碳转型以及打造零碳产品引领绿色消费。远景为元气森林提供可再生能源电力发电、数字化能源管理和碳管理、绿电绿证采购及碳抵消在内的一站式碳中和解决方案，助力元气森林打造零碳数字化工厂典范。在产品碳中和领域，远景基于 LCA 全生命周期分析方法学，结合方舟供应链碳管理及产品 LCA 碳核算工具，对元气森林四川都江堰碳中和工厂生产的白桃味气泡水进行碳足迹分析、跟踪和减排，获得权威认证机构中标合信颁发的"碳中和认证（PAS2060）"。未来，每一瓶元气森林饮品都将拥有记录碳足迹、碳减排和碳中和数据的"零碳绿码"。

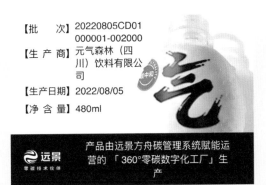

【批　　次】20220805CD01
　　　　　000001-002000
【生产商】元气森林（四川）饮料有限公司
【生产日期】2022/08/05
【净含量】480ml

产品由远景方舟碳管理系统赋能运营的「360°零碳数字化工厂」生产

产品碳足迹

基于PAS 2050，完成产品"全生命周期碳足迹核算"，其结果由第三方认证机构审核认证。

379
gCO₂-eq/瓶*

图 11　元气森林饮品碳足迹

（五）沙特国际电力和水务公司（ACWA Power）清洁能源项目

Neom 是沙特基于"2030 愿景"打造的未来新城，建成后这座新城的电力将全部采用风力、光伏发出的绿电。Neom 风光储氢项目由沙特国际电力和水务公司（ACWA Power）、Air product 及 Neom city 投资，该项目 1.6GW 容量的风电将全部采用远景 EN-171/6.5 超感知风机。远景针对沙特的气候和环境特点对风机产品进行了定制化改造，使其拥有更强的载荷能力、抗风沙能力和耐高温能力。未来，每年将有 6439GWh（发电小时数假设为 3900 小时 / 年）的绿电发出，供当地 40 万人使用。

（六）高性能电池助力车企开启零碳新旅程

2022年，远景动力同奔驰、宝马、马自达等全球一线汽车品牌达成长期合作，通过动力电池产品与零碳系统解决方案，助力汽车企业绿色化、智能化转型。以宝马为例，依托远景动力最新一代电池科技与优质产能，宝马集团新一代车型的新电池能量密度较上一代提高20%，充电速度更快，全电动车型的续航里程延长30%，整车制造过程中的碳足迹和资源消耗也将显著减少。目前，远景动力已在日本、中国、美国、法国、英国及西班牙布局制造基地，到2026年，远景零碳电池总产能将超过400GWh，有效激发当地新能源汽车供应链与电池生态体系建设。

（七）绿色充电机器人助力沃尔沃实现绿色出行

全球头部汽车品牌沃尔沃正加速其产品电动化和智能化。作为沃尔沃的零碳技术伙伴，远景推出了绿色充电机器人"摩奇"。"摩奇"是

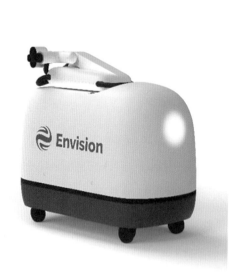
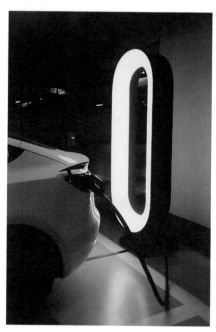

图 12　远景绿色充电机器人"摩奇"和超充桩

基于远景智能物联操作系统 EnOS™ 和方舟碳管理系统，为沃尔沃提供已被认证且可溯源的绿电，给沃尔沃车主带来全自动绿色充电体验。在充电过程中，充电数据还会实时上传至远景 EnOS™ 智能物联操作系统，通过平台数据分析帮助车主实时检测电池性能，提供电池健康度报告，最大限度保证车主的充电和行车安全。

（八）电动方程式赛场环保领先车队

远景旗下的远景电动方程式车队已于 2020 年成为电动方程式赛场上首支碳中和车队。基于远景智能物联操作系统 EnOS™，远景为车队建立搭载着各类气象、地面、风阻等模型的虚拟赛道，通过数字孪生技术帮助车队制定并模拟比赛中不同场景下的赛车设定、能量管理策略等，并在比赛中根据实际情况进行实时迭代。远景的数字化赋能不仅局限于车队出色的赛道表现，在远景方舟碳管理系统的支持下，远景车队连续

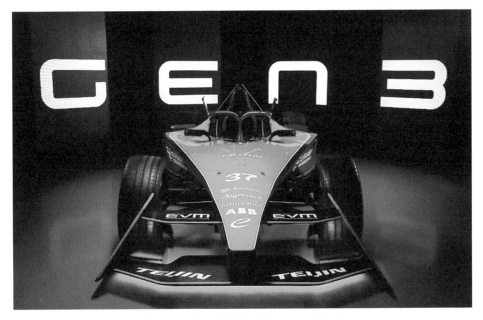

图 13　远景净零碳排放电动方程式车队

五个赛季获得由 Carbon Trust 颁发的 PAS 2060 碳中和认证，成为 FE 赛事中首个净零碳排放绿色先锋车队。

（九）助力新加坡打造绿色零碳城市轨道交通

SMRT 集团是新加坡最大的公共交通机构之一，提出到 2050 年实现净零碳排放目标。为此，远景依托智能物联技术，为 SMRT 量身制定减排措施，在保证乘客舒适度的同时减少交通设施供暖、通风和空调的能耗，帮助每个车站平均每年节约用电 105MWh 至 210MWh。

（十）光伏产品碳足迹公共服务平台

远景与中国机电进出口商会、必维集团携手打造"光伏产品碳足迹公共服务平台"，帮助中国光伏企业高质、高效、低成本完成产品碳足迹核算，并助力中国光伏企业完成法国认证机构必维集团审核认证，帮助中国光伏产品有效应对国际绿色贸易壁垒，扩大出口。该公共平台的成立，将进一步推动光伏产品碳足迹核算方法，推动中欧在光伏产品碳足迹方法论上的协调和互认，以掌握中国光伏产品碳排放数据核算的主动权。

七、总结与展望

作为全球企业、政府和机构的零碳技术伙伴，远景提出了通过技术创新让风电和储能成为"新煤炭"，电池和氢能成为"新石油"，智能物联网成为"新电网"，零碳产业园成为"新基建"，培育绿色"新工业"体系的"五新"战略，致力成为全球企业的"零碳技术伙伴"。

万物互通，共生共荣。未来，远景将充分发挥在新能源领域的研发优势，加快推进智能风电、光伏和储能新能源技术的生产和应用，助力构建清洁低碳、安全高效的新能源体系，在通往全价值链碳中和的道路上携手上下游伙伴砥砺前行，赋能全球合作伙伴实现零碳技术转型，并与之共同构建绿色创新生态。

【企业简介】

　　远景科技集团（Envision Group）是全球领先的绿色科技企业。2022 年，远景进入"福布斯中国最佳雇主"榜单前十，荣登《麻省理工科技评论》"2022 年全球 50 家最聪明公司"榜单前十。2021 年，远景荣登《财富》杂志"改变世界的公司"全球榜单第二位，同时发布了全球首个国际零碳产业园标准。远景是国内率先承诺 2025 年实现 100% 绿色电力消费的企业之一，也是最早承诺依据《科学碳目标倡议（SBTi）企业净零标准》制定长期净零减排目标的中国企业。远景是 CDP 全球认可的金牌解决方案提供商，基于自主研发的方舟碳管理系统和业界优秀实践，实现了全球运营碳中和。

专有名词列表

碳足迹	一般指产品碳足迹，是指产品的整个生命周期中，包括从原材料的开采、制造、运输、分销、使用到最终废弃阶段所产生的所有温室气体排放量。
碳抵消	是指用购买"碳信用额度"的方法来抵消企业生产经营活动中产生的温室气体。碳抵消允许个人或组织通过购买其他地区/项目的碳减排量，用于补偿其无法减少的温室气体。
碳普惠	是指将企业与公众的减排行为进行量化、记录，并通过交易变现、政策支持、商场奖励等消纳渠道实现其价值。碳普惠是一项创新性自愿减排机制。
科学碳目标倡议（SBTi）	是一项由全球环境信息研究中心（CDP）、世界资源研究所（WRI）、世界自然基金会（WWF）和联合国全球契约项目（UNGC）合作发起的全球倡议，旨在帮助企业制定与《巴黎协定》中控制全球温度升幅远低于2℃目标一致的碳减排目标。
国家核证自愿减排量（CCER）	是指对我国境内可再生能源、林业碳汇、甲烷利用等项目的温室气体减排效果进行量化核证，并在国家温室气体自愿减排交易注册登记系统中登记的温室气体减排量。自愿减排项目减排量经备案后，可在经备案的交易机构内交易。
范围一	是指企业直接控制的燃料燃烧活动和物理化学生产过程产生的直接温室气体排放。
范围二	是指企业外购能源产生的温室气体排放，包括电力、热力、蒸汽和冷气等。
范围三	是指价值链上下游各项活动的间接排放，覆盖上下游范围广泛的活动类型，如上游活动中购买的商品和服务、生产资料、燃料和能源相关活动、运输和配送等；下游活动中售出产品的加工、售出产品的使用、售出产品的寿命终止处理、投资等。